よくわかる
高電圧工学

脇本 隆之 著

電気書院

まえがき

　現代の高度な工業化の発展は，さまざまな基礎技術およびそれらの複合技術により成り立っている．電気工学も電気回路理論や電気磁気学などを基礎とした基礎物理学，およびそれらの応用分野の発展によって技術革新を遂げている．高電圧工学も同様に電気回路や電磁気学を基礎とし，高電界強度下における特殊な物理現象を解明するための学問として電力工学とともに100年の歴史を持って発展を遂げてきた．近年ではUHV送電や雷害対策，高精度計測技術等のいわゆる電力工学分野のみならず，医療機器，加速器，プラズマ，オゾンなどの最先端研究からテレビや消臭器，集塵機などの家電製品に至るまで多くのさまざまな分野にその技術は応用範囲を伸ばし利用されている．それだけに，本分野に要求される知識は先に述べた基礎学問の他にも，電子工学，計測工学，確率・統計学，材料工学，コンピュータ工学など幅広い知識が必要とされており，一見古く見える学問であるが，実は最新の知識を必要とする先端を進んでいる学問が高電圧工学なのである．

　本書は，千葉工業大学電気電子情報工学科の3年生に対して筆者が行っている「高電圧工学」の講義をもとに，大学，高等専門学校の初学者を対象にまとめたものである．本講義は前任者である関井康雄元千葉工業大学教授から引き継いだ講義資料を参考にして，筆者が出席するIEC, CIGRE, JEC, ISH, 電気学会などの学会・委員会で得た最新のトピックを噛み砕いた内容を初学者にもわかりやすくを目標に実施しているものである．特に放電現象の基礎知識の習得のためには，その内容を基礎的事項に絞り，数式での表現よりも現象の表現を重視し，体感的なわかりやすさを求めた．本書では物足りず，より高度な知識を希求する読者が出てくることを期待するが，そのような読者に

はさらに高度な説明が行われている教科書や参考書へと移り，さらなる向上を目指した学習を行っていただきたいと思う．また高電圧工学はドイツ語では高電圧技術（Hochspannungstechnik）と呼ばれている．この言葉にしたがって試験技術を習得するために実際の試験結果を多用した．若手技術者が直面すると思われる試験手順の構築とデータ処理への理解への一助を目的とした構成としたことは本書の特色である．

　本書の執筆にあたっては，多くの先達による著書を参考にさせていただくとともに，関係各所のホームページを参考にさせていただいた．また，本書に用いた図表や写真の一部にはこれらに掲載されているものを転載使用させていただいた．関係各所へ厚く感謝を申し上げる次第です．さらに本書の出版にあたってご尽力いただいた電気書院出版企画部開発室長の金井秀弥氏，ならびに編集部松田和貴氏に対して衷心よりお礼申し上げます．

　最後に，本書が本分野の初学者にとって役立つ書となることを祈念いたします．

2014年　著者

目 次

第1章 高電圧工学とは　　1

この章で使う基礎事項 2
1-1　雷と高電圧 3
1-2　高電圧工学の歴史 4
1-3　高電圧工学とその関連項目 5
1-4　高電圧工学で扱う電圧 7
1-5　感電 9

第2章 放電現象　　17

この章で使う基礎事項 18
2-1　放電現象とは 19
2-2　気体中の放電 21
2-3　液体中の放電 44
2-4　固体の放電現象 50
2-5　複合誘電体中の放電 57

第3章 高電圧の発生　　61

この章で使う基礎事項 62
3-1　交流高電圧の発生 63
3-2　直流高電圧の発生 67
3-3　インパルス高電圧の発生 73

目 次

第4章 高電圧の測定　87

- この章で使う基礎事項 ……………………………………………… 88
- 4-1　測定対象と測定法 ………………………………………………… 89
- 4-2　交流高電圧の測定 ………………………………………………… 90
- 4-3　直流高電圧の測定 ………………………………………………… 99
- 4-4　インパルス高電圧の測定 ………………………………………… 102

第5章 高電圧試験　121

- 5-1　高電圧試験の分類 ………………………………………………… 122
- 5-2　絶縁耐力試験 ……………………………………………………… 124
- 5-3　絶縁特性試験 ……………………………………………………… 132
- 5-4　測定システムの性能試験 ………………………………………… 139

第6章 高電圧機器　159

- 6-1　がいし ……………………………………………………………… 160
- 6-2　ブッシング ………………………………………………………… 161
- 6-3　送電線 ……………………………………………………………… 162
- 6-4　遮断器 ……………………………………………………………… 164
- 6-5　ガス絶縁開閉装置 ………………………………………………… 166
- 6-6　避雷器 ……………………………………………………………… 167

- 章末問題解答 ………………………………………………………… 171
- 参考文献 ……………………………………………………………… 176
- 索引 …………………………………………………………………… 178

第1章 高電圧工学とは

この章で学ぶこと

　高電圧工学は電力機器がその能力を十分発揮するために必要な知識を集めた学問である．数百V以下の比較的低い電圧を扱う際には全く問題にならなかった電気機器も，定格電圧が数百kVと高くなってくるとさまざまな現象に注意して設計や設置をしなければならない．

　本章では高電圧工学を学ぶ意義や必要な関連科目および感電などの知識について学ぶ．

第 1 章 高電圧工学とは

☆この章で使う基礎事項☆

電気回路基礎
オームの法則とその拡張
電気磁気学
電界中にかかる力
静電容量
統計学
平均値，標本標準偏差，分散

1-1 雷と高電圧

　雷が電気であることを証明したのはフランクリン（Benjamin Franklin）である．46歳のフランクリンは1752年6月のある雨の日に大きな絹のハンカチと交差させた2本の杉棒で凧を作り，息子を従えて野原にある小屋へと実験のために出向いていったのである．凧の先端には金属ワイヤを取り付け，凧糸には麻紐を結び付けた．そして感電を防止するために持ち手の紐は帯電しにくい絹の紐に結びかえてあった．さらにその結び目には雷をライデン瓶に誘導するために金属製の鍵をぶら下げた．ライデン瓶とは1746年にドイツのクライスト（Edward Georg von Kleist）とオランダ・ライデン大学のミュッセンブルーク（Pieter van Musschenbroek）がそれぞれ別々に発明した，高い電圧となる静電気を蓄電するための装置である．

　フランクリンは雨雲のなかに凧をあげた後，長い間雷雲が来るのを待ち続けた．いくども失敗に終わり，これで最後にしようと最後の雷雲のなかに凧を入れたとき，凧糸の麻紐は帯電によって毛羽立ち緩んできたのである．フランクリンがぶら下げていた鍵を見るとライデ

図 1.1　フランクリンの凧の実験

第 1 章　高電圧工学とは

瓶との間に放電が起こり，見事ライデン瓶は蓄電したのであった．

　余談になるが，実はフランクリンは失敗したときにほかの科学者から嘲笑されるのをおそれて密かに実験を行おうと考えていた．そのため彼は自分の息子と二人だけで実験を行ったのである．伝記ではよく小さな息子を連れた挿絵が描かれているが，実際には息子の年齢は 21 歳であった．十分な知識を身につけた息子を実験助手として従えたのである．高電圧を取り扱うときには絶対に一人で作業をしてはいけない．

　ロシア・サンクトペテルブルクのドイツ人科学者リヒマン（Georg Wilhelm Richmann）は 1753 年 7 月 26 日にアカデミーにいたところ雷鳴を聞いたため，急いで帰宅した．目的はフランクリンの実験を追試するためである．リヒマンは雷に対する多くの実験を行っていて，雷について多くの知識をもっていた．感電の怖さも十分知っていたから慎重に実験していた．しかし球雷（ボールライトニング）の直撃を受けて帰らぬ人となってしまったのである．

1-2　高電圧工学の歴史

　高電圧工学は大電力長距離送電の技術的基礎を与える学問として発展してきた．大電力長距離送電のためには高電圧が不可欠になるが，電圧が高くなるとその固有の困難さのために送電電圧の上昇を阻む問題が生じてくる．高電圧工学はこの困難を乗り越えて高電圧の利用範囲の拡大を図ることを使命として発展してきたのである．大学における「高電圧工学」の講義の始まりは 1912 年（明治 45 年）で，ペテルゼンコイルで有名なドイツのペテルゼン（Waldemar Petersen）教授がダルムシュタット工科大学で行ったものが最初とされている．わが国においては，歌人として有名な与謝野晶子のお兄さんで，鳳一テ

ブナンの定理で名高い鳳秀太郎先生が 1914 年（大正 3 年）に東大で講じたのが最初といわれている．

> **参考①**
>
> 平成 3 年 7 月 22 日に開催された第 100 回高電圧技術研究会の記念講演会において，元東芝会長の佐波正一氏は『高電圧技術の過去と将来』と題する講演を行い次のように述べている．
>
> 「50 年前に大学で『高電圧工学』の講義を受けたときのノートを読み返してみたところ『高電圧工学とは Field intensity が大なる場合の Dielectrics の現象を扱うもので，電圧の高い場合には特殊な現象が現れる．またその物質が変化することもある』と記述してあった．ノートの中味は高電圧現象と高電圧機器の解説であった．高電圧工学のテーマはいまでも変わっていない」

1-3 高電圧工学とその関連項目

　高電圧工学を英語で表記すると　High Voltage Engineering である．ドイツ語では Hochspannungstecnik となる．つまり，高電圧に特有な物理現象とそれに関連した技術を扱う学問が高電圧工学といえる．高電圧に特有な物理現象の代表が「放電現象」であり，その特徴をあげれば，①非線形現象で，②過渡的現象・確率事象であるということになる．

　また，高電圧工学で取り扱われる項目は以下の内容になる．
・放電現象 / 放電物理
・電界の評価
・高電圧の発生 / 測定

第 1 章 高電圧工学とは

・高電圧機器・送配電技術（雷害対策など）
・高電圧試験
・高電圧応用

さらに，高電圧工学に関連する分野の学問には以下のものがある．

・放電プラズマ工学　……放電現象とその応用に関する工学
・絶縁工学…………絶縁材料，絶縁技術に関する工学

加えて，以下のような基礎知識が高電圧工学を学ぶにあたり必要になる．

(1) 電気回路理論

高電圧現象は電気回路の講義で学んだ知識の応用である．そのため少なくとも電気回路計算に関する基礎知識はもっていなければならない．直流，交流回路の計算はもちろんだが，微分方程式，ラプラス変換など，ツールはなんでも構わないから，過渡現象の計算知識が必要である．

(2) 電気磁気学

放電現象は電線を閉回路に接続しなくても電流が流れる現象である．これは電気回路の知識だけでは説明できない．大きさ E の電界中に点電荷 q を置いたとき，その電荷に $F = qE$ で表せる力 F が働く．次にこの電荷が点 A から点 B まで移動するために必要な仕事 W は $W = \int_A^B qE\,dS = qV$ で表される．この V を電位差という．高電圧工学を学ぶにあたって，最低限でも電界の大きさが計算できるようになろう．

(3) 統計学

放電現象は確率事象を扱う．高電圧を電極間に印加して放電させる場合，前回の電圧印加では放電したのに，次に同じ電圧を印加しても必ず放電するわけではない．

参考②

　高電圧工学国際シンポジウム（ISH）は高電圧工学に関する国際会議で，1972年（昭和47年）に第1回会議がミュンヘンで開催されて以来2年ごとに開催されている．第1回会議には93件の研究発表が行われただけだったが，年々発表の数が増してきて1993年（平成5年8月）に横浜で開催された第8回シンポジウムのときの研究発表数は485件（登録参加者507名）に，また2011年8月にハノーファーで開催された第17回シンポジウムでは460件であった．

　この会議では高電圧に関する以下のテーマが取り上げられている．

・電界計算／計測・雷現象・高電圧新技術・絶縁材料・がいし
・高電圧設備・機器の保守・高電圧測定／試験技術・高電圧応用

1-4　高電圧工学で扱う電圧

　送電電圧は技術の進歩とともに高くなってきた．図1.2に示すように戦後の経済成長に伴ってスウェーデンでは1950年に400 kV送電が始まり，アメリカ，旧ソ連で765 kV送電を開始，そして1985年には旧ソ連で1 150 kV送電が開始された．わが国でも1952年の275 kV送電を皮切りに，1973年には500 kV送電が開始され，1996年には1 000 kV送電システムが建設されている（運用は500 kV）．これらの電圧の表示や区分については法律・省令や規格によって以下のように規定されている．

(1) **電気設備技術基準**

低　　圧……DC：750 V以下，AC：600 V以下

第1章 高電圧工学とは

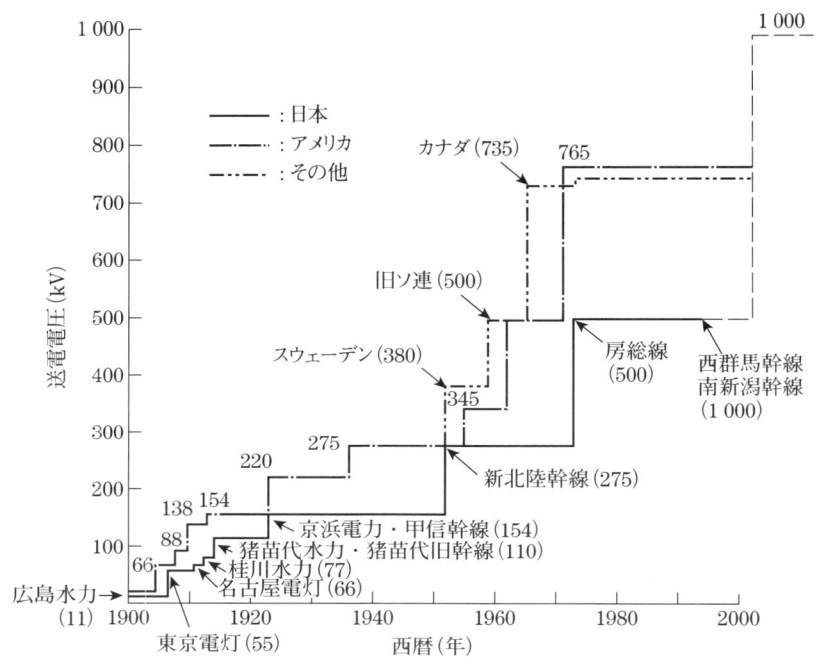

図 1.2 送電電圧の変遷
（出典）関井・脇本：「改訂新版エネルギー工学」，電気書院（2012）

表 1.1 公称電圧（JEC-0222-2009）

公称電圧(V)	100	200	100/200	230	400	230/400	3 300
最高電圧(kV)	-	-	-	-	-	-	3.45
公称電圧(kV)	6.6	11	22	33	66, 77	110	154, 187
最高電圧(kV)	6.9	11.5	23	34.5	69, 80.5	115	161, 195.5
公称電圧(kV)	220, 275	500	1 000				
最高電圧(kV)	230, 287.5	525, 550, 600	1 100				

（出典）JEC-0222「標準電圧」(2002)

高　　圧……DC：750〜7 000 V，AC：600〜7 000 V

特別高圧……7 000 V 以上

(2) **系統電圧と過電圧**

公称電圧（V_n）：線路を代表する標準電圧

最高電圧（V_m）：正常な運転状態で発生する系統の最高電圧

$$V_m = (1.05 \sim 1.1)V_n$$

超高圧（EHV）：公称電圧 187〜275 kV

超々高圧（UHV）：公称電圧 500 kV〜

過電圧（Overvoltage）：最高電圧を超える電圧（異常電圧）

しかしながら高電圧工学でいう高電圧とは，このように定められた特定の電圧を指すのではなく，高電圧現象を発生させる電圧のこと全般を考える．

1-5　感電

感電は電撃ともいわれ，一般に人体に電流が流れることによって発生し，単に電流を感知する程度の軽いものから苦痛を伴うショック，さらには筋肉の硬直，心室細動による死亡など種々の症状を呈する現象をいう．

感電した場合の危険性は，次の因子によって定まる．

① 通電電流の大きさ
② 通電経路（電流が流れた人体の部分）
③ 電源の種類
④ 通電時間と電撃印加位相（どの心臓脈動周期位相で通電したか）
⑤ 周波数および波形

通電電流が大きく，人体の重要な部分を流れ，しかも長時間通電するほど危険である．電撃の危険性は電圧値には直接関係しないが，通

第1章 高電圧工学とは

電電流は人体の内部抵抗および電流の流出入部分の抵抗（皮膚の抵抗，手袋・履物の抵抗など）が大きく影響する．人体の内部抵抗はほぼ一定のため，電流流出入部分の抵抗が同じ条件であれば低電圧に比べて電圧の高いほど危険であることはいうまでもない．また，皮膚の抵抗は電圧が1 000 V以上になると絶縁破壊を起こすおそれがあるためいっそう危険になる．

　低電圧による感電災害は，人体の一部が直接接触することによって生じるもので，一般に大きい火傷は伴わない．しかし高電圧になると充電部に直接触れなくても，ある限度以上人体が充電部に近づくと，その間の空気絶縁が破られ閃絡を起こす．この場合人体に流れる電流は直接触れた場合と大差がないばかりでなく，アークによってかえってひどい電気火傷を伴うことが多くなる．また充電されている送電設備の周辺の電界中に人体が入ると，誘導によって人体に電荷が蓄積され，そのとき人体の一部が接地物に触れると人体の電荷が放出され電撃を受けることもある．

(1) **通電電流の大きさと人体への生理的影響**

① 最小感知電流

　人体への通電電流がある値に達し，初めて通電されているという感覚を受けたときの電流を最小感知電流という．この値は約2 mA以下で，この程度の電流では危険はない．

② 可随電流（離脱電流）と不随電流（履着電流）

　通電電流が増加し，通電経路の筋肉の痙攣が激しくなって神経が麻痺し運動の自由がきかなくなる限界の電流を不随電流，逆に運動の自由を失わない最大限の電流を可随電流という．この値は約10〜15 mAだが，運動の自由がきかなくなると電源から離脱不能になり長時間通電されて危険になることが多くなる．

③　心室細動電流

通電電流をさらに増加し心臓に流れる電流がある値に達すると，心臓が痙攣を起こし正常な脈動が打てなくなり血液を送り出す心室が細動を起こすようになる．この電流を心室細動電流といい，この状態では極めて危険で死亡することが多くなる．**表 1.2** は電流の大きさに対する人体への影響を示したものである．

表 1.2 電流の大きさに対する人体への影響

電撃の影響	直流 (mA) 男性	直流 (mA) 女性	交流 (mA) 60 Hz 男性	交流 (mA) 60 Hz 女性	交流 (mA) 10 000 Hz 男性	交流 (mA) 10 000 Hz 女性
感電電流，少々ちくちくする	5.2	3.5	1.1	0.7	12	8
苦痛を伴わないショック，筋肉の自由がきく	9.0	6.0	1.8	1.2	17	11
苦痛を伴うショック，筋肉の自由がきく	62	41	9	6	55	37
苦痛を伴う激しいショック，離脱の限界	74	50	16	10.5	75	50
苦痛を伴うショック，筋肉硬直，呼吸困難	90	60	23	15	94	63
心室細動の可能性あり 通電時間 :0.03 s　　　　　　:3.0 s	1 300	1 300	1 000	1 000	1 100	1 100
心室細動が確実に発生する	上記の値を 2.75 倍する					

(2) **通電経路**

電流の通電経路が人体の重要な部分を流れると以下に示す危険が考えられる．

①　心臓部を流れた場合には，心室細動を起こすおそれがある

②　脳の呼吸中枢を流れると，呼吸停止による死亡のおそれがある

③　胸部を流れると，胸部収縮による窒息死のおそれがある

(3) 電源の種類

表 1.2 に示すように，交流に比べ直流のほうが安全である．また交流の場合 50～60 Hz が危険で，周波数が高くなると電流の刺激はちくちくする感覚よりも熱いという感覚に近くなり，100～200 kHz 以上になるとほとんど熱的感覚になる．

(4) 通電時間と電撃印加位相

心室細動の可能性のある電流は，表 1.2 に示すように人体への通電時間に大きく影響する．災害事例では交流 3～6 kV による感電死亡事故が最も多く報告されている．心臓の脈動周期には，心房の収縮期，心室の収縮およびその終了期などがあり，心室の収縮が終わった時期に電撃を受けると心室細動を起こす確率が大きく危険である．

(5) 感電による火傷

電気火傷は熱湯などに起因する火傷とは病像が異なり，治療に時間を要す．また多くの場合，創傷は重傷直後より時間の経過に伴って拡大する．一般に電気火傷にはアークやスパークの数千℃の高圧による皮膚の熱傷と，電流が人体を流れるときの内部組織の抵抗に基づくジュール熱によるものとがあって，これらが重複して複雑な症状を呈す．前者の場合は一般の熱傷と異なり，金属が高熱のため溶融，ガス化して皮膚の表面に付着，浸濁して，熱傷面が青錆色になる．後者の場合はジュール熱によって蛋白質が凝固し，皮膚，腱，骨膜，骨関節などに組織壊死を起こすといわれている．電撃傷にみられる特有の症状は次のとおりである．

① 皮膚の硬性変化

金属が高熱のため溶融またはガス化して皮膚表面や皮膚組織に付着しまたは浸潤して皮膚が暗黒色を呈し，硬化乾燥して鉱質のような感触となるもので，人体には特に大きい影響は及ぼさない．

② 表皮はく脱

アーク，スパークなどの際の瞬時的な高熱と電流による機械的破壊作用によって表皮がはく脱するもので水抱を形成しない．

③ 電紋

電流の流入部から皮膚の種々の方向に向かって伸びる灰色や，やや紅色を呈した樹枝状のもの．

④ 電流斑

電流の流入出部の表皮が隆起して蒼白色あるいは灰白色に変化するもので，電撃傷で最も特有の症状といわれている．

⑤ 電撃潰瘍

電流の流出入部に傷の周囲が一部炭化して燃焼したような，えぐられたような潰瘍．これは電撃後2週間前後までに30％程度の潰瘍面の拡大をきたすこともあり，最初の面が小さくても安心できない．障害度の大きいものは神経や骨が露出する場合もある．

⑥ 手足の運動障害と穢死

手や足が電流の経路となることが多いため，運動機能の喪失や壊死のため手足を切断しければならないことがある．

⑦ 後出血

電撃による損傷ではほとんど出血はないが，後に大量に出血することがある．この場合特に内部組織が破壊されていて止血できないこともあるので注意が必要である．

第1章　高電圧工学とは

章末問題 1

1　長距離送電のために送電電圧を高くする理由を述べよ．

2　100 kV の交流電圧を印加したときに必要な最大絶縁耐圧は何 kV か．選択肢から適切な番号を答えよ．

　① 70.7 kV　② 100 kV　③ 200 kV　④ 141 kV　⑤ 282 kV

3　1個の電子が電界によって1 Vの電位差を有する2点間を移動したときに，電子が電界から受け取るエネルギーはいくらか．

4　A，Bは同心球電極である．電極間の静電容量を求めよ．

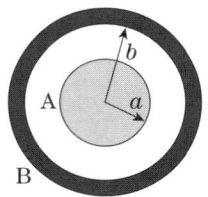

5　次のような実験回路で球ギャップ間に放電する電圧を測定し，表のような試験結果を得た．このときの平均値および標準偏差を求め，グラフにギャップ長 – 放電電圧特性曲線を描け．

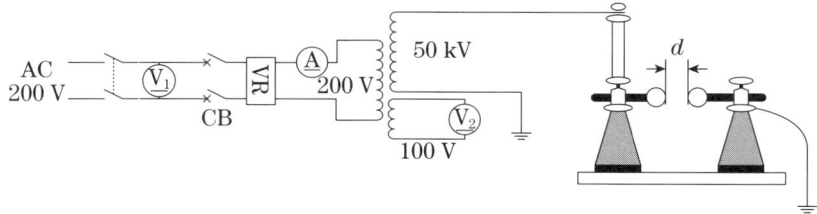

章末問題 1

回数＼d (mm)	5	10	15	20
1	10.0	23.0	33.5	42.5
2	11.0	23.0	33.0	42.0
3	12.5	23.0	33.5	41.5
4	10.5	23.0	33.5	42.5
5	13.5	23.0	32.5	42.5
6	12.0	23.5	33.0	42.5
7	11.5	22.5	34.0	42.5
8	12.0	24.0	33.0	42.5
9	12.5	23.0	32.5	42.3
10	12.0	23.5	32.0	42.0
平均値				
標準偏差				

単位（kV）

第 2 章　放電現象

この章で学ぶこと

本章では，放電現象に関する基礎的理論ならびに，気体，液体および固体中の放電現象の基礎知識について学ぶ．

第 2 章　放電現象

☆この章で使う基礎事項☆

基礎 2-1　真空

　標準大気よりも気体密度または圧力の低い状態（負圧）のことをいい，単位はパスカル（Pa）で表す．パスカルのほかにも水銀柱ミリメートル（mmHg），トル（Toll），バール（bar），アトム（atm）などが用いられることがある．

$$1 \text{ mmHg} = 1 \text{ Toll} = 133.322 \text{ Pa} = 1.333 \times 10^{-3} \text{ bar}$$
$$= 1.316 \times 10^{-3} \text{ atm}$$

また真空度はその圧力によって下表のように分類される．

分　類	範囲
低真空	$10^5 \sim 10^2$ Pa
中真空	$10^2 \sim 10^{-1}$ Pa
高真空	$10^{-1} \sim 10^{-5}$ Pa
超高真空	$10^{-5} \sim 10^{-9}$ Pa
極高真空	10^{-9} Pa 以下

基礎 2-2　基本単位

電子ボルト（eV）　　$1 \text{ eV} = 1.602 \times 10^{-19}$ J

プランク定数 $h = 6.626 \times 10^{-34}$ J·s

2-1 放電現象とは

　電極間に電圧を印加したときに電極間に無限大の電流が流れ，絶縁が破壊する現象のことを放電現象という．電極間の絶縁物が気体の場合には気体放電，液体の場合には液体放電，そして固体の場合には固体放電と呼んで区別している．

(1) **放電研究の歴史**

　放電に関する記録は古くはギリシア時代から始まる．この節では電子が発見されるまでの歴史について振り返ってみよう．

　「琥珀をこすると埃を吸いつける」現象は古代ギリシアで見いだされた不思議な現象として捉えられていた．古代ギリシアの哲学者タレス（Thales）はこの現象を磁気によるものと考えていた．そして16世紀後半，イギリスの物理学者でエリザベス女王1世の侍医でもあったギルバート（William Gilbert）は摩擦によって物が引きつけられる性質は琥珀だけでなくガラスや硫黄などにも現れることを発見した．そして，これらの物質を琥珀のラテン語 "electrum" に由来するELECTRICA（電気的物質）と命名した．

　17世紀の中ごろ（1660年ごろ）にはドイツの科学者でマルデブルグの市長を務めたオットー・フォン・ゲーリケ（Otto von Guericke）は硫黄の大きな球を布で摩擦する静電発電機（Elektrisiermaschine）を発明した．第1章でも述べたオランダ・ライデン大学のミュッセンブルーク（Pieter van Musschenbroek）は1746年にガラス容器に水を入れ真鍮の電極を通じて電気を貯めることに成功した．これがライデン瓶である．フランクリンはこのライデン瓶に雷を誘導して火花放電と稲光が同じ電気的現象であることを解明した．フランクリンは凧の実験の4か月後には避雷針を発明して新聞に発表している．

　イギリスのデービー（Humphry Davy）は1800年に電池に接続し

第 2 章　放電現象

た 2 本の炭素棒を接触させた後，ゆっくりと引き離すと高輝度の光が弧状に立ち上る現象を発見した．デービーが発見したこの放電をアーク放電という．次にデービーの実験助手であったファラデー（Michael Faraday）はデービーの研究を引き継ぎ，1831 年～1835 年の間に低気圧中における放電の研究に取り組んだ．そしてその成果として発光部と暗部が交互に現れる放電を発見し，それをグロー放電と名づけた．

1855 年にガイスラー（H. Geiβler）によって水銀真空ポンプが発明されると，低気圧下での研究が一気に進んだ．1858 年にはドイツの物理学者プリュッカー（Julius Plücker）が真空に近い低気圧空気中の放電管の電極周囲のガラス管が緑色に光るのを発見し，電極から放射されたなんらかの物質がガラス管に当たり発光していると仮定した．そしてさまざまな実験の結果，ガラス管のそばに磁石を置いたときに発光軌跡が変化することを発見した．この原因についてプリュッカーは放射線が電気をもっているためと推論した．また，より低気圧中の放電の研究を行っていたイギリスの物理学者クルックス（William Crookes）は 1874 年,「陰極からの放射線（陰極線）は原子を構成する基本的粒子である」と仮説を立てた．そして同じくイギリスの物理学者ストーニー（George Johnstone Stoney）は，1891 年にこの粒子を電子と呼ぶことを提案した．放電管を用いて放射線の研究を行っていた J. J. トムソン（Joseph John Thomson）は 1884 年に陰極線が通過する経路に電極を設けて，電極を帯電させると放射線の方向がマイナス極板から遠ざかってプラス極板に近づく方向に変化することを確認し，この放射線が電気を帯びた粒子から構成されていることを明らかにするとともに，その粒子の大きさが原子と同程度のもので，マイナスの電気をもつと結論した．トムソンはさらにこの粒子の電気量と質量の比（比電荷）を測定して，放電管の電極や気体の種類を変えてもこの比が不変であることを確かめて，この粒子がすべての物質

に共通に含まれていることを確認した．

(2) **放電の種類**

放電の種類は大きく分けて非自続放電と自続放電に分類することができる．気体中に正負両電極を配置してその電圧を徐々に上げていくことを考えるとき，外部から紫外線や宇宙線などのエネルギーを与えると電子やイオンが生じる．これらは気体分子と衝突してさらに数を増やし電流が生じるが，外部からの電子供給を止めると電流は流れなくなる．このような放電を非自続放電といい，このときに流れる微弱な電流（10^{-17} A 程度）を暗流（dark current）という．

さらに印加する電圧を上昇していくと外部からエネルギーを供給しなくても電流が継続して流れるようになる．これを自続放電という．自続放電には火花放電のほかに，電極間全体にわたって破壊放電するグロー放電，アーク放電および，部分的な放電を呈するコロナ放電などの放電に分類される．これらの放電の種類について**表2.1**にまとめる．

表 2.1 放電の種類

気中放電				
非自続放電	自続放電			
暗流	火花放電	部分破壊	全路破壊	
^	^	コロナ放電	グロー放電
^	^	^	アーク放電

2-2 気体中の放電

(1) **気体放電の基礎となる物理現象**

(a) **気体分子の性質**

気体を構成する分子には単原子分子（He, Ne, Ar などの不活性気

第2章　放電現象

体），二原子分子（H_2, N_2, O_2）および三原子分子（H_2O）などがある．図 2.1 に気体分子の模型を示す．

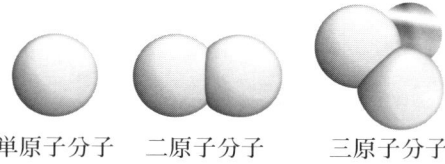

単原子分子　　二原子分子　　三原子分子

図 2.1　気体分子の模型

図 2.2 はオランダの物理学者ボーア（Niels Henrik David Bohr）によって提唱されたボーアの原子模型である．この模型のように原子は原子核と電子とから構成されていて，核外原子として原子番号に等しい数の電子を有している．

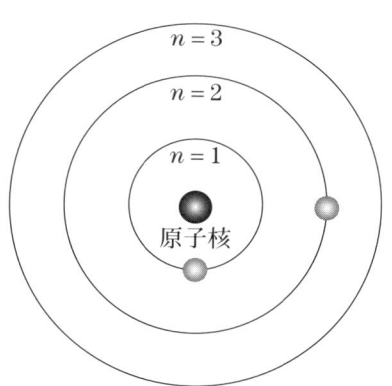

図 2.2　Bohr の原子模型

分子はその大きさが数 Å（$1\ \text{Å} = 10^{-10}$ m）で，0 ℃，1 気圧のときの分子数は $2.69 \times 10^{25}\ \text{m}^{-3}$（$= 6.023 \times 10^{23} / 22.4\ \text{L}$）である．また分子は絶えずランダム運動をしていて，その運動の速度は全分子数を n，速度が $v + dv$ の間に入るものの分子数を $nFdv$ で表すとき，次式に

示すマクスウェルの速度分布則で与えられる．

$$F = 4\pi n \left(\frac{m}{2\pi kT}\right)^{\frac{3}{2}} e^{\frac{-mv^2}{2kT}} \tag{2-1}$$

また，平均速度 v は次式で表せる．

$$v = \sqrt{\frac{8kT}{\pi m}} = 1.13 v_\mathrm{m} \tag{2-2}$$

さらに，その運動エネルギーは絶対温度に比例し，次式で表せる．

$$E_\mathrm{k} = \frac{1}{2} mv^2 = \frac{3}{2} kT \tag{2-3}$$

また運動している分子が衝突しないで移動できる平均距離を平均自由行程という．平均自由行程は λ で表し，分子半径を r，分子密度を n とすると次式で表せる．また代表的な気体の平均自由行程を**表 2.2** に示す．

$$\lambda = \frac{1}{4\sqrt{2}\pi r^2 n} \tag{2-4}$$

表 2.2　主な気体の平均自由行程

気体	He	N_2	O_2	CO_2
λ (10^{-6} m)	17.6	5.95	6.44	1.97

(b)　**気体分子の励起と電離**

気体分子は中性でお互いが離れているため，電流が流れるための電子やイオンが存在しない．しかし自然界に存在する放射線（宇宙線）や電圧，紫外線などといった外部からのエネルギーを加えることによって分子を構成する原子の核外電子の離脱が起こり，または離脱した電子が別の分子と結合して荷電粒子を生じる．この荷電粒子はさらにエネルギーを受けると次に述べる励起や電離といった状態に移行して電

第2章 放電現象

子やイオンを生じる．

① 励起

気体分子を構成する原子が外部からエネルギーを受けて，原子の核外電子のエネルギーが高い状態に遷移した状態を励起といい，この状態の分子を励起分子という．励起分子は一般に不安定で，その寿命は極めて短時間（10^{-8} s 程度）だが，不活性気体などでは，10^{-3} s 程度の比較的長い間励起状態（準安定状態）を保つことが可能な分子も存在していて，これらは準安定励起分子と呼ばれている．さらに，分子を励起状態にするために必要なエネルギーを励起電圧といい，励起電圧のなかでも最小の電圧を共鳴（共振）電圧という．共鳴電圧は eV の単位で表す．

② 電離

外部から電離電圧以上のエネルギーを受けると核外電子は原子核の束縛を離れて自由電子になる．この状態を電離といい電離に必要なエネルギーを電離電圧という．また，電離した原子にさらにエネルギーを与え続けると新たに電子を放出するが，これに必要なエネルギーを第2電離電圧という．

表 2.3 に主な気体の励起電圧と電離電圧を示す．また準安定励起分子は電離電圧の低いほかの分子と衝突をしてこれを電離することがある．これはペニング効果と呼ばれていて，放電開始電圧を下げることで電離効果を向上させる役割を果たしている．

(c) **電離の形態**

電離は外部からのエネルギーで生じるが，このエネルギーは衝突電離，光電離および熱電離の3形態がある．衝突電離は中性分子，電子およびイオンなど荷電粒子が衝突することによって電離するもので，励起や電離を起こす衝突を非弾性衝突，そうでない衝突は弾性衝突と呼ばれている．光電離は原子が紫外線などのもつ光子エネルギーを吸収し

2-2 気体中の放電

表 2.3 主な気体の励起電圧と電離電圧

気体		原子番号	共鳴電圧 (eV)	準安定励起電圧 (eV)	第1電離電圧 (eV)	第2電離電圧 (eV)
不活性気体	He	2	21.21	19.80	24.58	54.40
	Ne	10	16.85	16.62	21.56	41.07
	Ar	18	11.61	11.55	15.76	27.6
	Kr	36	10.02	9.91	14.00	24.56
	Xe	54	8.45	8.32	12.13	21.2
通常の気体	H	1	10.198		13.60	
	H_2		11.2		15.6	
	N	7	10.3	2.38	14.54	29.60
	N_2		5.23	6.2	15.51	
	O	8	9.15	1.97	13.61	35.15
	O_2		1.635	1.0	12.2	
	CO		6.0		14.1	
	CO_2		10.0		14.4	
金属蒸気	Li	3	1.85		5.390	75.62
	Na	11	2.1		5.138	47.29
	K	19	1.61		4.339	31.81
	Cu	29	1.4		7.7	
	Cs	55	1.38		3.893	25.1
	Hg	80	4.886	4.667	10.434	18.751

て電離するもので，振動数 ν をもつ光のエネルギーは $\Delta W = h\nu$ で与えられるが，これを超えるエネルギーを原子が受けたときに電離が起こる．また高温状態下に置かれた気体原子（分子）は激しい熱運動を行っているため，原子自身が大きな運動エネルギーをもっている．そのエネルギーによって原子どうしは衝突を起こし電離する．これを熱電離という．電離する割合は以下に示すサハの熱電離の式によって表される．

第2章　放電現象

$$\frac{n_i n_e}{n_o} = 4.82 \times 10^{15} T^{\frac{3}{2}} e^{-\frac{11600 V_i}{T}} \tag{2-5}$$

ここで，n_i は気体温度 T におけるイオン密度，n_e は同様に電子密度，n_o は中性分子の密度，V_i は原子の電離電圧である．

(d) 電子付着

中性分子が電子を付着して負イオンとなる現象を電子付着という．電子付着して負イオンになった気体原子は負性気体とも呼ばれ，その性質は電界による加速が鈍くなるため衝突電離を行わなくなる．そのため放電しにくい性質をもっており，耐電圧特性に優れる．電子付着しやすい原子は不活性気体（Ne, Ar, Kr, Xe）より最外殻電子が1個少ないハロゲン（F, Cl, Br, I）やこれらを含む分子などである．六ふっ化硫黄（SF_6）ガスは代表的な負性気体で，この特性を利用して遮断器やガス絶縁機器の絶縁ガスとして多く用いられている．

(e) 再結合

正と負の荷電粒子が結合して再び中性粒子（原子，分子）を作るプロセスを再結合という．再結合によって $h\nu$ のエネルギーをもつ光子を放出する放射再結合や，再結合による余分のエネルギーの一部が分子の解離に使われる解離再結合などがある．

(f) 荷電粒子の運動

電界 E のなかにある荷電粒子は電界方向に力を受け移動する．その平均移動速度はドリフト速度と呼ばれ，その値は一定圧力下では式(2-6)で表せる．

$$v_d = \mu E \tag{2-6}$$

ここで μ を移動度と呼び，荷電粒子の電界下での移動のしやすさを示す．イオンの移動度の値はその種類と気体の種類によって異なるが，およそ $0.2 \sim 20 \text{ cm}^2/(\text{V·s})$ の値をとる．電子の移動度は質量が小さいためイオンの移動度と比較してはるかに大きい値をとる．

荷電粒子の密度が場所によって高低がある場合には，密度の高いところから低いところへ向かって荷電粒子は移動するが，この現象を拡散という．

(2) **気体放電開始のプロセス**

(a) **暗流**

大気中で電極間に電圧を印加するとき，宇宙線や放射線によって気体分子の電離が起こり，電極間の電界によって発光を伴わない極めて微弱な電流が流れる．この電流を暗流といい，荷電粒子の供給が止まると電流は流れないため非自続放電と呼ばれる．暗流の V–I 特性を図 2.3 に示す．

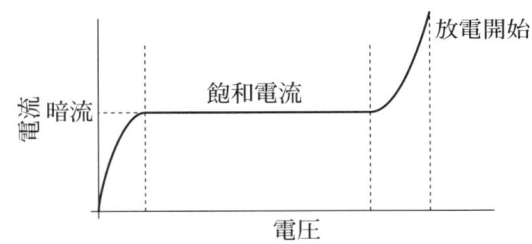

図 2.3　暗流の電圧電流特性

(b) **衝突電離による電子の倍増（α 作用）**

図 2.3 において，さらに印加電圧を上昇させていくと，電子の速度も上昇し衝突電離が繰り返し起こるようになり，飽和電流から放電開始のカーブにみられるように電流は急激に流れるようになる．ここで図 2.4 のような距離 d の並行平板間において，電子が微小区間 dx 進む間に増加する電子の数を dn_x とすると式 (2-7) で表せる．

$$dn_x = n_x \alpha dx \tag{2-7}$$

ここで係数 α を衝突電離係数といい，この微分方程式を解くと，陰極から飛び出した1個の電子が陰極から距離 x の位置において増

第 2 章 放電現象

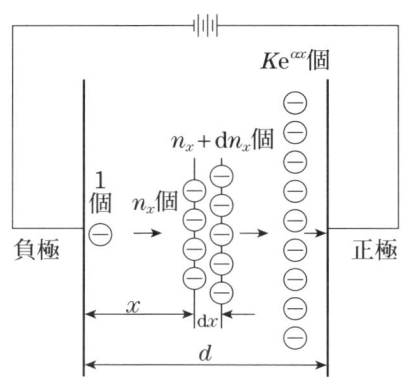

図 2.4 衝突電離による電子の倍増

加した電子数 n_x は

$$n_x = Ke^{\alpha x} \tag{2-8}$$

で求められる．n_x はなだれのように急激に増加するので，この現象を電子なだれと呼んでいる．

イギリスの物理学者タウンゼント（John Sealy Edward Townsend）は，2-1(1)で述べた J. J. トムソンの後を引き継いで気体放電の研究を進めた．タウンゼントは実験結果から気体の圧力を p, 電界を E としたとき，と α/p と E/p の間に式(2-9)の関係が成り立つことを示した.

$$\frac{\alpha}{p} = Ae^{-\frac{Bp}{E}} \tag{2-9}$$

このような衝突電離作用を α 作用という．

(c) **タウンゼントの理論**

タウンゼントは α 作用のほかにも，衝突励起や再結合によって生じる光や準安定励起原子が陰極に当たって光電子を放出する作用があることを見いだしてこれを二次電子放出作用（γ 作用）と呼んだ．

図 2.5 (1)のように平行平板間の陰極側から n_0 個の初期電子が放出されるとき，α 作用により電子なだれを起こし，陽極に達するときに

2-2 気体中の放電

図 2.5 タウンゼントの理論

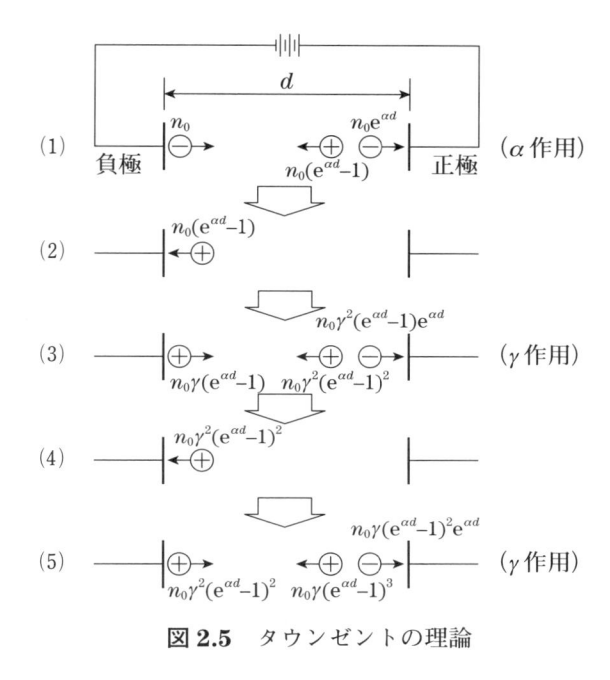

は電子数は式 (2-8) に従って $n_0\mathrm{e}^{\alpha d}$ 個になる．増加した電子数は初期電子分を差し引いて $n_0\mathrm{e}^{\alpha d}-1$ 個になる．またこのとき同数の正イオンが発生して陰極へ向かい，増加した正イオンの数に比例した数の二次電子を放出する．このときの比例係数を γ とおいたとき，第 2 世代の電子なだれによって陽極に達する電子数は $n_0\gamma(\mathrm{e}^{\alpha d}-1)\mathrm{e}^{\alpha d}$ 個となり，増加した電子数と同数 $n_0\gamma(\mathrm{e}^{\alpha d}-1)^2$ 個の正イオンが陰極へと向かう．同様に第 3 世代の電子なだれが起きるが，このときの初期電子数は $n_0\gamma^2(\mathrm{e}^{\alpha d}-1)^2$ 個，陽極に達する電子数は $n_0\gamma^2(\mathrm{e}^{\alpha d}-1)^2\mathrm{e}^{\alpha d}$ 個と増加していき，総電子数 n は

$$n = \frac{n_0\mathrm{e}^{\alpha d}}{1-\gamma(\mathrm{e}^{\alpha d}-1)} \tag{2-10}$$

ただし，$1 > \gamma(\mathrm{e}^{\alpha d}-1)$

第2章　放電現象

となる．またこのとき流れる電流の大きさは，

$$I = \frac{e^{\alpha d}}{1-\gamma(e^{\alpha d}-1)} I_0 \tag{2-11}$$

ただし，I_0 は初期電流

また，I が ∞ となるとき，すなわち，

$$\gamma(e^{\alpha d}-1) = 1 \tag{2-12}$$

ただし d は電極間距離

となる条件を満足するとき放電が自続的に生じることからこれをタウンゼントの放電自続の条件式という．

(d) ストリーマ理論（単一電子なだれ理論）

大気圧の空気中にある電極間に高電圧を急に印加したときには，10^{-8} s 程度の極めて短い時間で電極間に放電が起こる．これはタウンゼントの理論では説明できない現象である．イギリスの物理学者ミーク（J. M. Meek）は，電子なだれが発展していき，ある条件下において導電性の強い放電路であるストリーマが形成されて，短時間で放電が開始するという以下のようなストリーマ理論を提案した．

図 2.6 において(a)はタウンゼントの理論における第1世代と同じように平行平板間の陰極側から初期電子が放出され，α 作用により電子なだれを起こしている様子を示した図である．電子なだれの先端は速度の速い電子が，その後方には正イオンが分布している．電子なだれの先端が陽極に達すると，(b)のように電子は陽極に吸収され，三角錐状の電荷密度の強い正イオンのみが残る．この正イオンの近くに電離によって生じた電子があった場合，新しい電子なだれが発生して，この正イオン錐に取り込まれる．この電子なだれの先端部の電子と正イオンによって(c)のようにストリーマと呼ばれるプラズマ状態の導電路が生まれる．ストリーマは電子なだれを次々と取り込んでいき成長していき，陰極に達すると放電が開始する．

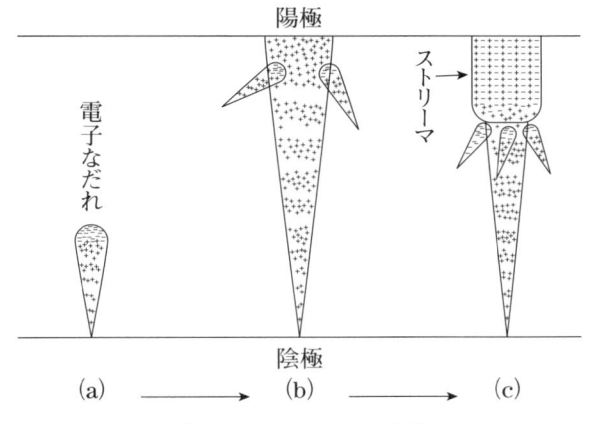

図 2.6　ストリーマ理論
(出典) 河村・河野・柳父：「高電圧工学 [3 版改訂]」，電気学会 (2003)

(e) コロナ放電

　一般に高電圧機器はさまざまな形状をとるため電界は不平等な分布をとる．このような不平等電界中では電界が高く集中する場所で放電の自続条件を満足するときにその点近傍表面で発光が観測されるが，これをコロナ放電という．コロナ放電は極性によって性質が異なる．図 2.7 に示すように棒－平板電極間において平板を接地して棒電極に電圧を印加する場合，棒電極の先端の電界が最も高くなる．正極性の電圧を徐々に印加する場合，最初棒電極の先端に膜状コロナと呼ばれる放電が電極表面に現れる．電圧を上げていくにつれてブラシコロナ，ほっすコロナ（ストリーマコロナ）という線状の放電が行われる．負極性の電圧を印加する場合には，周期的なブラシコロナ放電が生じる．商用周波交流電圧を印加する場合には，その周期ごとに正・負両極性のコロナ放電が生じている．架空送電線で発生するコロナ放電は電力の損失や騒音，電波障害の原因となるため，発生を最小限に抑える必要がある．

第 2 章 放電現象

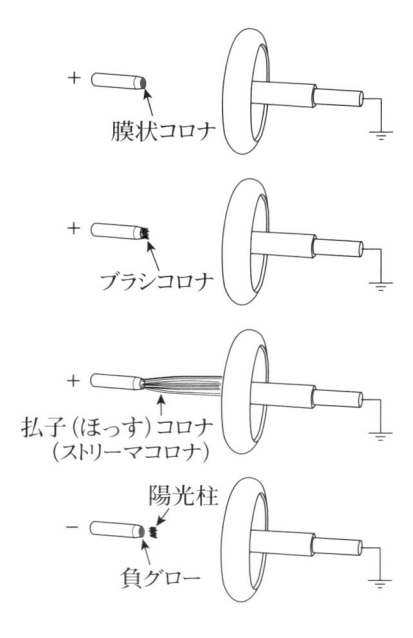

図 2.7 コロナ放電の種類

(3) 火花放電

平等電界下において非自続放電から自続放電へ移行する際に，また不平等電界ではコロナ放電から全路破壊に至る際に起きる過渡的な放電のことを火花放電という．平等電界や準平等電界下においては暗流から火花放電へと移行していくが，不平等電界下では暗流からコロナ放電を経て全路破壊へと移行していく．

① パッシェンの法則

ドイツの物理学者パッシェン（Louis Carl Heinrich Friedrich Paschen）は 1889 年に「気体の平等電界における火花電圧 V_S は，その気体の圧力 p，ギャップ長 d との積だけの関数である」という実験結果を発表した．これをパッシェンの法則と呼び，式で表すと，

$$V_\mathrm{S} = f(pd) \tag{2-13}$$

となる．ここで図 2.8 のように横軸に pd をとり，縦軸に V_S をとって示した曲線を「パッシェン曲線」という．図は主な気体のパッシェン曲線を示しているが，スパークオーバ電圧 V_S の最小値はパッシェンミニマムと呼ばれていて，空気の場合，パッシェンミニマムは 330 V である．

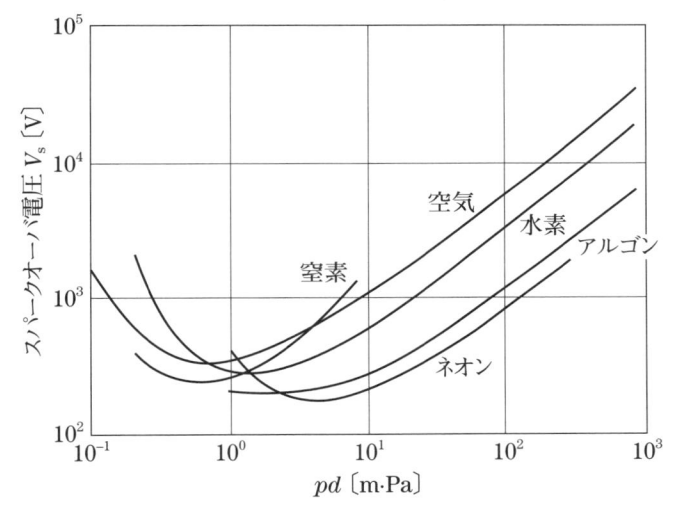

図 2.8　主な気体の火花電圧

② いろいろな電極系の火花開始電圧

火花電圧は電極の形状により異なる．平等電界を形成する平行平板電極は，実際の電極をみてみると，中心部付近はほぼ完全な平等電界になるが，電極端部は電界が集中するため不平等電界になる．このため端部形状を等電位面に沿った形状にして，端部の電界分布をできるだけ平等にしたものをロゴウスキー電極という．図 2.9 はロゴウスキー電極のモデルを示す．

平等電界下における空気の火花電圧 V_S は式 (2-14) で求められる．

第 2 章 放電現象

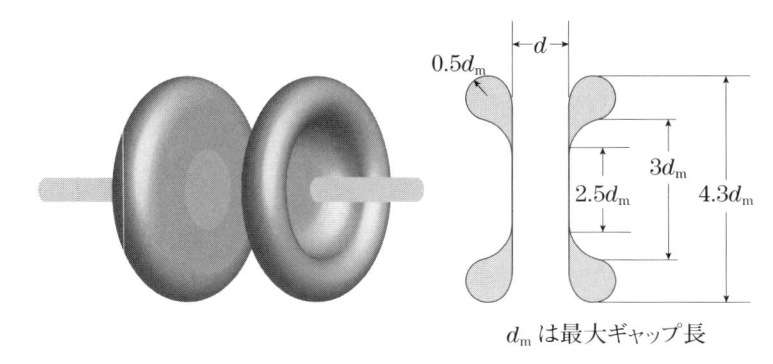

図 2.9 ロゴウスキー電極

d_m は最大ギャップ長

$$V_\mathrm{S} = 24.05\delta d\left(1+\frac{0.328}{\sqrt{\delta d}}\right) \tag{2-14}$$

ここで，δ は相対空気密度で，気圧を mmHg，気温を t ℃ とすると，

$$\delta = \frac{0.386\,p}{273+t} \tag{2-15}$$

で求めることができる．これらの式から空気の平等電界下における火花電圧を計算すると，およそ 30 kV/cm となる．

　球ギャップは図 **2.10** のように直径の等しい 2 個の球電極を平行または垂直に配置したものである．ギャップ長 d が球直径 ϕ に比べて小さいときには，ほぼ平等電界とみなすことができる準平等電界として扱われる．そのため球ギャップを用いて高電圧が直接測定できるように IEC 規格や JEC 規格では 4 章に述べるように標準大気状態下の放電電圧を表として規定している．

　図 **2.11** に示す同軸円筒電極は b/a が大きい場合には不平等電界を形成するが，b/a の大きさが 1 に近い場合には平等電界に近くなる．不平等電界下ではコロナを生じやすくなるが，コロナ放電が内部導体表面に発生し始める電界 E は次の実験式で計算することができる．

図 2.10 球ギャップ　　**図 2.11** 同軸円筒電極

$$E = 31\delta\left(1 + \frac{0.301}{\sqrt{\delta r}}\right) \text{ [kV/cm]} \quad (2\text{-}16)$$

　棒－棒ギャップや棒－平板ギャップならびに針－平板ギャップは不平等電界を形成し，必ずコロナ放電が発生する．コロナ放電では前項(e)で示したように極性効果をもっていて正極性は負極性に比べておよそ半分の電圧で放電する．また IEC 規格や JEC 規格では 4 章に述べるように棒－棒ギャップを用いた直流高電圧の測定方法を規定している．

(4)　**電気的負性ガスの放電**

　2-2 項(1)の(d)でも述べたように，ハロゲン，SF_6，フレオンなどのように衝突電離で生じた電子を付着する作用，すなわち電子付着係数 η が大きい気体のことを電気的負性ガスという．電気的負性ガスは衝突電離で生じた電子が付着して負イオンになり自由電子を減少させるために火花電圧が高くなる．**図 2.12** に各種電気的負性ガスの火花電圧を示す．分子量が大きい電気的負性ガスほど火花電圧が高いことがわかる．一般に平均自由行程が小さい気体ほど火花電圧は高くなる．

第 2 章　放電現象

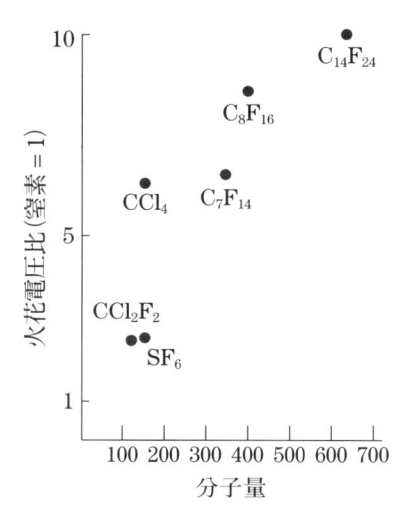

図 2.12　各種電気的負性ガスの火花電圧
（出典）河野：「新版高電圧工学」, 朝倉書店（1994）

平均自由行程は分子量が大きいほど小さくなるが, 平均自由行程が同じ気体の場合でも, 電子が付着して負イオンになりやすい電気的負性ガスのほうが衝突電離されにくくなり, 火花電圧が高くなる.

図 2.12 において, 常温下で気体の状態にあるのは CCl_2F_2 と SF_6 の 2 種類で, ほかは常温下では液体である. SF_6 ガスは絶縁耐力が高く消弧性に優れているためにガス絶縁機器の絶縁体として多く利用されている. **図 2.13** に SF_6 ガスの構造を示す. SF_6 ガスは分子量 146, 沸点 −62.0 ℃で常温下において 10〜20 気圧程度に圧縮できる気体である. また不平等電界下においては**図 2.14** に示すように火花電圧に極大値を生じることから数気圧に圧縮した気圧が高電圧機器に用いられる.

(5)　混合ガス中の放電

2 種類のガスを混合した場合には, 混合比に応じて両者の中間の性質が現れてくる. SF_6 ガスは火花電圧が高い電気的負性ガスだが, こ

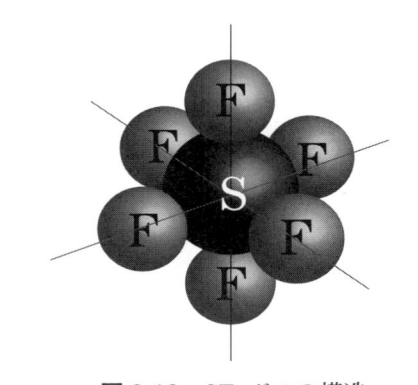

図 2.13 SF$_6$ガスの構造

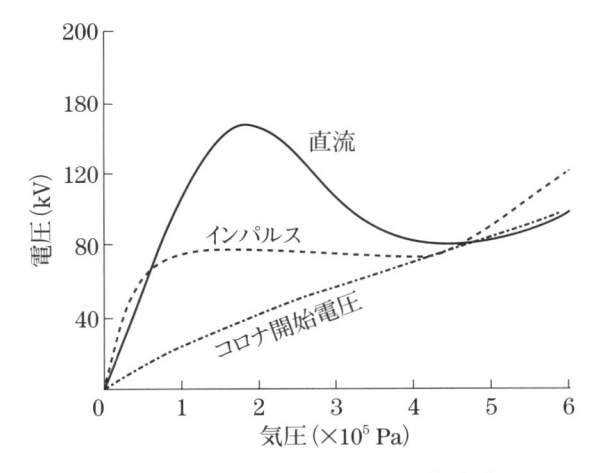

図 2.14 SF$_6$ガスの火花電圧
(参考) 河野:「新版高電圧工学」, 朝倉書店 (1994)

の気体に図 2.12 に示すように火花電圧が SF$_6$ の半分程度しかない大気の主要構成要素である窒素ガスを混合した場合には火花電圧は低下する．しかしながら，N$_2$ ガスの割合が 20 % 程度までならば火花電圧は**図 2.15** の(4)のようにわずかしか低下しない．また SF$_6$ ガスは無毒・無害で優秀な絶縁特性や高い消弧性能を有しているため電力機器の絶縁媒体として多く使われてきたが，1990 年代になってオゾン層

第 2 章　放電現象

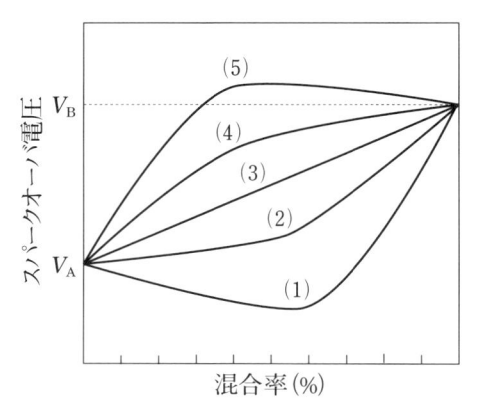

図 2.15　混合ガスの火花電圧の特性

の破壊や地球温暖化などの環境問題が世界的に問題となってきた．そして 1997 年の地球温暖化防止京都会議（COP3）で CO_2 やフロンガスなどといった地球温暖化ガスとともに，地球温暖化係数が CO_2 の約 24 000 倍である SF_6 ガスに関しても使用や排出が規制された．そのため近年では SF_6 ガスの代替ガスや使用量の削減に関する研究が活発に進められている．図 2.15 の (5) のように気体を混合することにより，もとの気体の絶縁特性よりも高い特性をもつような効果をシナジズム効果という．

(6)　**高圧力ガス中の放電**

式 (2-13) でも示したように，気体の火花電圧は，圧力とギャップ長の積の関数で表される．しかし気体の圧力を高くしていく場合，ある値を超えると**図 2.16** に示すようにパッシェンの法則から外れ，飽和していく．また**図 2.17** に示すように，陰極表面の電界強度の上昇による電界放出のために電極材料によって火花電圧が異なる．

(7)　**グロー放電**

低気圧下での気体中の放電では電圧を徐々に上げていくと，弱い光を発光し数 μA〜数 mA の小さな電流が流れる放電現象が生じる領域

2-2 気体中の放電

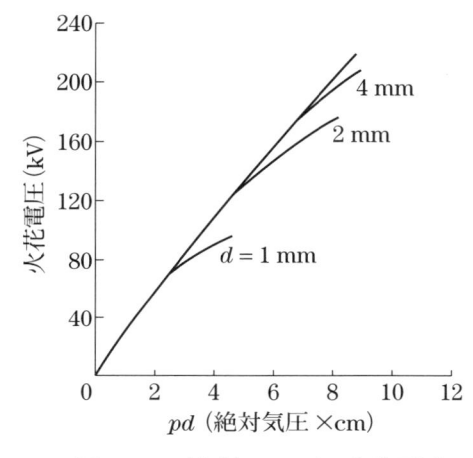

図 2.16 高圧力ガス下の火花電圧
(出典) 河野：「新版高電圧工学」, 朝倉書店 (1994)

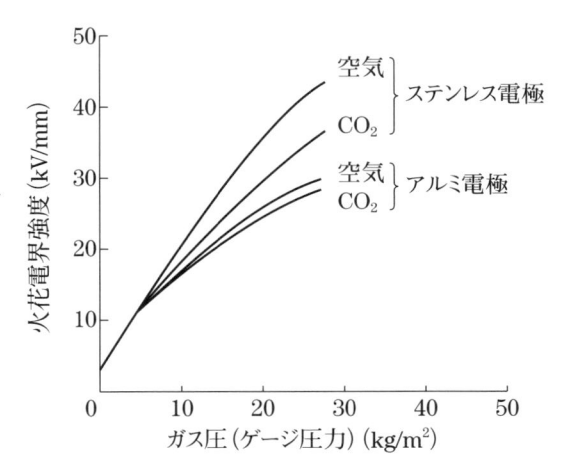

図 2.17 火花電圧に及ぼす電極材料の影響
(出典) 河野：「新版高電圧工学」, 朝倉書店 (1994)

がある．この放電はグロー放電と呼ばれる放電で，ネオンサインや蛍光灯のグローランプ，材料の表面加工・改質などに利用されている．電子を放出する機構は γ 作用で，**表 2.4** に示すように気体の種類によっ

第2章　放電現象

表 2.4　グロー放電の色

気体	陽光柱の色	気体	陽光柱の色	気体	陽光柱の色
空気	赤	O_2	黄	Ar	暗赤
H_2	桃	He	白	Hg	緑
N_2	赤	Ne	赤	Na	黄

て放電時に発光する色が異なる．

図 2.18 のような放電管を用いたとき，両極間には図に示す発光部および暗部がみられる．また，電極両端の印加電圧を変化させたときの V–I 特性は図 2.19 のようになる．電流が増加しても電極間電圧が

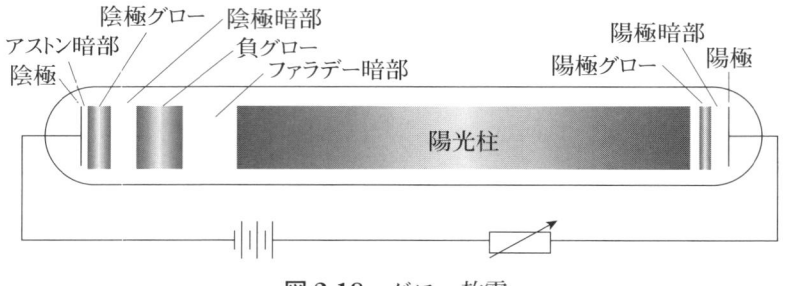

図 2.18　グロー放電

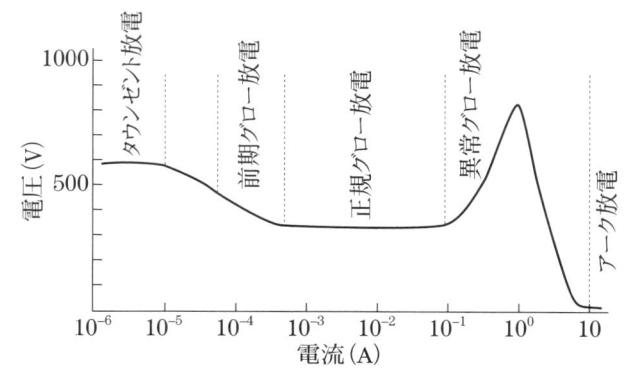

図 2.19　グロー放電の電圧電流特性

変わらない領域を「正規グロー放電」といい，電流の増加とともに陰極前面の陰極グローが広がっていく．正規グロー放電を維持するために必要な電圧は数百 V 程度で，電流密度がさらに増えていくと熱電子放出が始まりやがてアーク放電に移行していく．

グロー放電の各部の名称とその特徴を以下に示す．

① アストン暗部

陰極から出た電子の速度が小さく，励起や電離が生じていないため発光をしていない領域．

② 陰極グロー

電子の速度が上昇していき分子が励起される．励起された分子が発光して低エネルギーレベルに遷移している領域．

③ 陰極暗部

電子の速度はさらに上昇していくが，励起確率が低下することによって暗部を生じる．この部分の α 作用で生じた正イオンは陰極方向に移動して γ 作用に寄与していく．

④ 負グロー

衝突電離によってエネルギーを失った電子が再び励起作用を起こして発光する領域．低速の電子と低速のイオンが再結合を起こすことによって発光が起きる．

⑤ ファラデー暗部

電子が再び加速されることで励起や電離を行わなくなるため発光が起こらない領域．

⑥ 陽光柱

電子の速度が上昇していき，励起可能になり発光を生じる領域．正イオンの密度と電子の密度がほぼ等しくプラズマ状態になっている．

⑦ 陽極グロー

加速された電子が陽極前面の気体分子を電離することで生じるグロー

第2章 放電現象

領域.

(8) アーク放電

気体圧力が高い場合の定常放電で，電流が大きく電極からの熱電子放出を伴う放電で高温かつ強い光を放つ放電である．放電路の形状は**図2.20**に示すように弧状で，陰極点，アーク柱および陽極点で構成されている．アーク放電は蛍光灯，水銀灯，アーク炉およびアーク溶接などに利用されている．

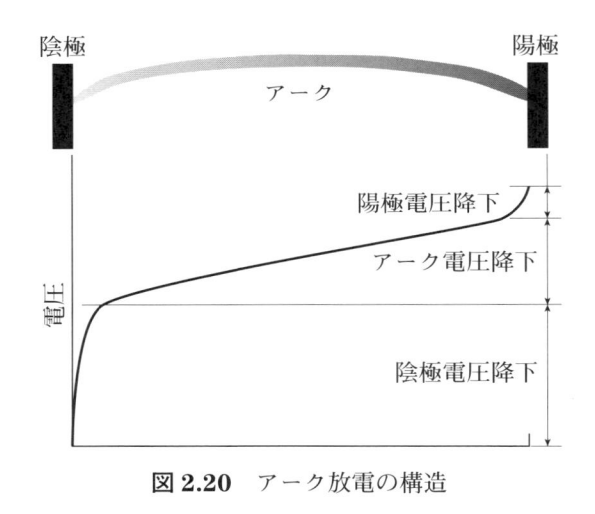

図2.20 アーク放電の構造

アーク放電の各部の名称とその特徴を以下に示す．

① 陰極点アーク

陰極点では電極材料によって，熱電子アークと冷陰極アークの2種類に分類される．熱電子アークは陰極がタングステン（原子記号W，原子番号74，融点3 695 K）や炭素（原子記号C，原子番号6，融点3 570 K）などの高融点材料の場合に生じる．陰極の温度は高温になり，熱電子放出によって電子が供給され，その電流密度は10^3～10^4 A/cm^{2}になる．また，陰極材料に銅（原子記号Cu，原子番号29，

2-2 気体中の放電

融点 1 357.77 K），アルミニウム（原子記号 Al，原子番号 13，融点 933.47 K）または水銀（原子記号 Hg，原子番号 80，融点 234.32 K）などが用いられた場合には，電流密度は 10^6 A/cm^2 程度になる．熱電子放出を十分行えるほど融点が高くないため，この電流密度の大きさについて陰極からの電界放出や陰極から蒸発した金属蒸気の熱電離またはアーク柱の正イオンとの衝突で散乱した励起原子による γ 作用によるなどの原因が考えられている．

② アーク柱

アーク柱は陽光柱とも呼ばれる領域で，電流密度が高くて高温の弧心と，電流密度および温度が低く化学的に活発な外沿部とで構成されている．アーク柱の電離は主に電子の衝突電離作用により大きな電流密度をもっている．

参考③ ピカチュウの 10 まんボルト

子供のころ，ポケットモンスター（ポケモン）というアニメやゲームに夢中になったのではないだろうか．このポケモンにはピカチュウというモンスターが登場し，主人公のサトシと一緒に戦いをしながら旅をする物語である．ピカチュウは「10 まんボルト」という必殺技の電撃を使って相手のモンスターを倒すのであるが，あるときアニメを見ていたらピカチュウが身長の 10 倍以上の電撃を伸ばしていて驚いた．気中絶縁の離隔距離は 10 万ボルト，つまり 100 kV の場合約 30 cm となる．つまり，身長 40 cm のピカチュウが必殺技を使っても，届くのはせいぜい足元までで，4 m の電撃を相手に届かせるためには 1.3 MV 以上の電圧が必要になるためである．敵のモンスターよりむしろ近くにいるはずのサトシのほうが危ない目にあっているに違いない．

第2章　放電現象

2-3　液体中の放電

(1) 液体の性質

　液体中の放電は，気体中における放電現象と比較すると様子がかなり異なる．液体の分子間距離は分子の大きさと同程度だが，気体と比較するとその値ははるかに小さい値をとる．そのため平均自由行程が気体中よりもかなり短くなり，高電界にならないと衝突電離が発生しなくなる．しかし電極からの電子供給やイオンの発生があると液体中に電流は流れる．またその電流による熱で気泡が生じた場合には，その気泡中で気体放電が起こって絶縁破壊につながる．また，一般に液体には不純物が含まれている場合が多いので，放電にはその影響を大きく受ける．

　本項では，主に高電圧機器の絶縁に用いられる絶縁油について，その性質と特徴を学ぶ．

(2) 主な絶縁液体

① 鉱油（Mineral Oil）

　鉱油は石油から蒸留精製される絶縁油で，変圧器，遮断器，油入コンデンサおよびOFケーブルなどに用いられている．化学成分は**図2.21**に示すパラフィン系成分，ナフテン系成分および芳香族成分の混合体で構成されている．

② 合成絶縁油（Synthetic Oil）

　化学的に合成された絶縁油のことを合成絶縁油という．合成絶縁油には，ポリブデン，アルキルベンゼンおよびシリコーン油などがある．ポリブデンはイソブチレン（C_4H_8）を主体とした合成油で，粘度が高く，ケーブル接続部の充塡油として用いられている．アルキルベンゼンはベンゼン核にアルキル基を一つ含んだ構造で，ガス吸収性，安定性，電気特性などが優れているために，超高圧油充塡ケーブル油と

2-3 液体中の放電

パラフィン系　$CH_3-(CH_2)_n-CH_3$

ナフテン系　$CH_3-(CH_2)_n-CH-CH_3$
　　　　　　　　　　　　　　　$|$
　　　　　　　　　　　　　　CH_3

芳香族系

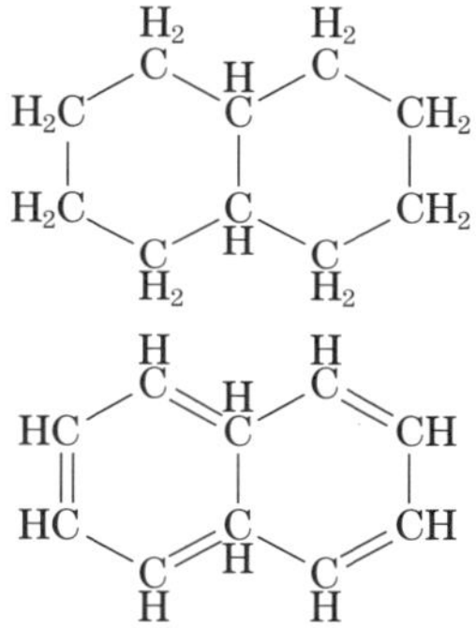

図 2.21 パラフィン系成分，ナフテン系成分，芳香族成分の構造式

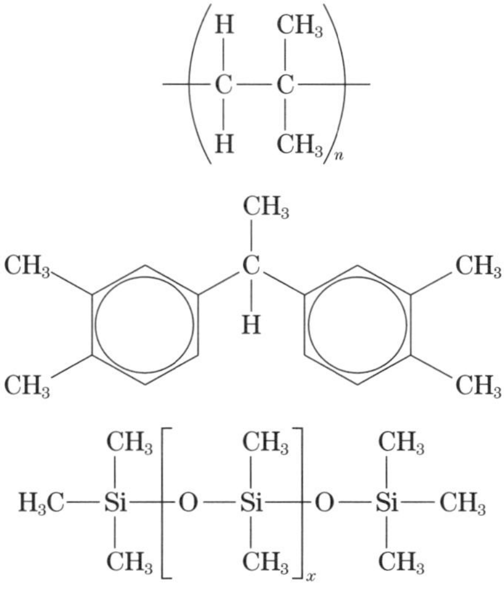

ポリブデン

アルキルベンゼン

シリコーン油

図 2.22 化学合成油の構造式

して用いられているほか，ジアルキルベンゼンを鉱油に混合した絶縁油も用いられる．シリコーン油はポリメチルシロキサンを主成分とし

第2章 放電現象

た絶縁油である．高価だが，耐熱性に優れ，化学的に安定しているため高温で運転される電気鉄道の変圧器などに用いられている．

表2.5 主な絶縁油の特性の比較

絶縁特性	誘電率	誘電正接	体積抵抗率 ($\Omega \cdot m$)	絶縁耐力 (kV/mm)
鉱油	2.2	0.001	$10^{11} \sim 10^{13}$	28
アルキルベンゼン	2.15～2.5	0.004	10^{12}	$>60\,\mathrm{kV}(*)$
ポリブデン	2.2	<0.0005	1.5×10^{12}	$40\,\mathrm{kV}(*)$
シリコーン油	2.8	0.0002	10^{13}	10

(*) 油間隙 2.5 mm のときの破壊電圧

③ 極低温液体

窒素（N_2），水素（H_2），ヘリウム（He）などは常温では気体だが，極低温下に置くとこれらの気体は液化する．これらの液体のうち，液体窒素および液体水素は絶縁体として優れた特性を有している．しかしながら液体水素は酸素と反応すると爆発を起こし，可燃性をもつ絶縁油よりもかえって危険だが，液体窒素は不燃性であり常温で気化するなど取扱いに優れているため，もっぱらこの特性を生かして極低温や超伝導温度で使用する高電圧機器のための絶縁体として液体窒素が用いられている．

(3) 液体の電気伝導

(2)気体放電開始のプロセスの項で述べたように液体中に平行平板を挿入して電圧を印加したときの電圧電流特性は，**図2.23**のように三つの領域に分かれた変化を呈す．領域 a は比較的電界が小さい領域である．この領域では荷電粒子の発生は印加電界の大きさによってほとんど変化せず，電流の大きさはイオンが伝導に関与していると考えられていてオームの法則にそった変化をする．イオンは自然界の放射線によって液体の分子から生成されるものや，液体中に含まれている微

2-3 液体中の放電

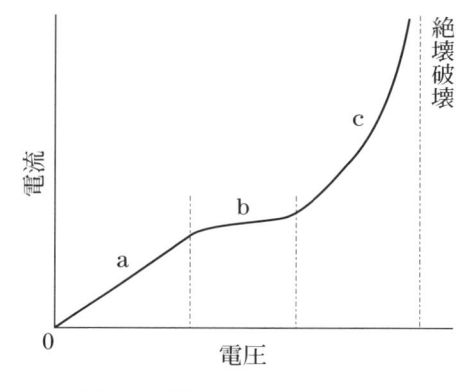

図 2.23　液体誘電体に電界を加えたときの V–I 特性

量な不純物分子が解離して生成されていると考えられている.

領域 b では印加電圧の大きさに関わらず，生成されるイオンの数が一定になるため電流が飽和していく．またこの領域は一般の液体では観測されることは少なく，高電界下に置いたヘキサンなど限られた条件下で観測される．また領域 a と領域 b を低電界電気伝導領域と呼ぶ．

次に領域 c では，電界が増加するにつれて荷電粒子も急増してくる．その機構としては，①電界が高くなったことによる液体分子や不純物分子の解離の割合が増加すること，②高い電界を印加することにより熱電子が電極から放出する（これをショットキー効果という）現象が生じること，③電界下で加速された電子によって衝突電離が起きること，などが考えられる．この急増した電子により最終的に絶縁破壊へとつながる．また，この領域 c は高電界電気伝導領域と呼ばれる．

(4) 液体の絶縁破壊理論

液体が絶縁破壊に至るまでの理論については，①電子破壊説，および，②気泡破壊説，の二つの理論に分かれている．電子破壊説は液体中で電子による衝突電離が繰り返し発生して，γ 作用によって電子が

倍増することで絶縁破壊を引き起こすという考え方である．液体分子の分子量は気体と比較すると大きいため，電子が衝突電離を起こしているという直接の証拠を示すことは困難だが，破壊放電が生じる前に光が放出されているという実験報告もある．

次に気泡破壊説は，高電界下において生成された気泡が成長していき，この気泡内で気中放電が生じて絶縁破壊されるという理論である．気泡の生成や成長は次の原因が考えられている．

- ・電子電流によって加熱された液体が気化する．
- ・電子が電界により加速され，液体分子に衝突して気体を発生させる．
- ・気泡が電極表面に生じた際に，気泡表面に蓄積した電荷の静電反発力が液体の表面張力より大きい場合，気泡が成長する．

電子破壊理論と気泡破壊理論のどちらが正しいかはまだ十分には明らかにされていない．現在では低電圧長時間の帯電の場合には気泡破壊が，また短パルス状電圧を印加した場合には電子破壊が生じるとされている．

(5) 絶縁油の絶縁破壊電圧

変圧器，遮断器，コンデンサ，OFケーブルなどの高電圧機器に用いられている絶縁油のなかには，各種気体，繊維および水分などの不純物が含まれている．絶縁破壊強度はこれらの不純物の影響を大きく受けるため，高電圧機器に絶縁油を使用する際には脱ガスフィルタリングなどを行い，できるだけ純度を高めて用いる．

図 2.24 に良質な変圧器油の交流破壊電圧を示す．大気圧空気と比較した絶縁油はおよそ 7 倍の絶縁耐力をもっている．また，ギャップ長の 2/3〜1/2 乗に比例して破壊電圧は増加するといわれている．さらに，絶縁油の破壊電圧は電極面積が増加することによって電極表面の微小な突起の分布確率が増加して放電しやすくなるという面積効果と，電界が加わる部分の体積が増すと不純物の絶対数が増加して放電

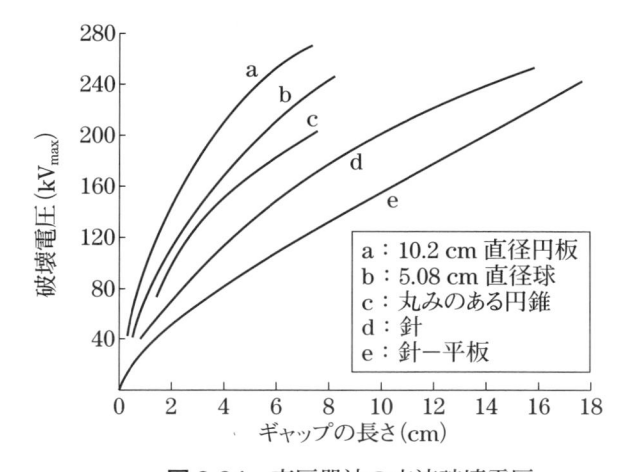

図 2.24 変圧器油の交流破壊電圧
(出典) 河村・河野・柳父:「高電圧工学 [3 版改訂]」, 電気学会 (2003)

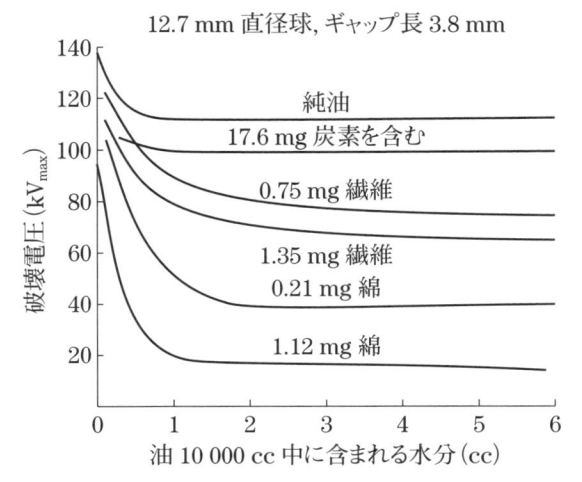

図 2.25 破壊電圧に及ぼす水分と繊維状異物の影響
(出典) 河村・河野・柳父:「高電圧工学 [3 版改訂]」, 電気学会 (2003)

しやすくなるという体積効果をもっている.

　絶縁油の破壊電圧は, わずかな水分により大幅に低下する. さらに繊維と水分が共存した場合にはその低下はより大きいものとなる. 空

第2章 放電現象

気が溶解している場合には破壊電圧を低下させるばかりか絶縁油の酸化劣化の原因にもなる．

2-4 固体の放電現象

固体材料を体積抵抗率で区分すると，図 2.26 に示すように導電体（金属），半導体および絶縁体（誘電体）に分けることができる．ここでは 10^6 Ω·m 以上の抵抗率をもつ絶縁体の放電現象について考える．

絶縁体は表 2.6 に示すように無機材料と有機材料とに大別され，その化学構造によって，アルカリハライドなどの結晶，ガラスなどの非晶質（アモルファス），そしてポリエチレンなどの高分子などに分類

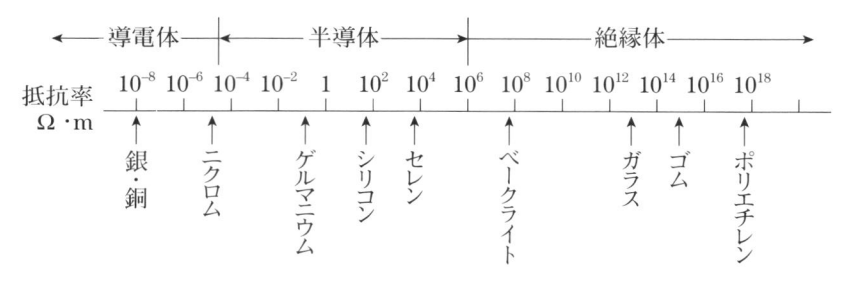

図 2.26 体積抵抗率からみた各種物質

表 2.6 固体絶縁材料の分類

分類		
無機材料	天然材料	マイカ，水晶，硫黄
	合成材料	磁器（長石磁器，アルミナ磁器，ステアタイト）石英ガラス
有機材料	天然材料	木材，パルプ，紙，糸，布，樹脂，ろう，ロジン琥珀，天然ゴム，アスファルト，ピッチ
	合成材料	熱可塑性樹脂（ポリエチレン，ポリ塩化ビニル）熱硬化性樹脂（フェノール樹脂，エポキシ樹脂）合成ゴム（クロロプレンゴム，シリコーンゴム）

することができる．現在工業材料として広く利用されている合成高分子材料は，一般に絶縁抵抗が極めて高く，高電圧機器の絶縁に適している．

(1) **固体誘電体の電気伝導**

固体誘電体は絶縁抵抗が高いため，高電圧を印加しても流れる電流は微弱であり，測定に工夫が必要となる．誘電体中を流れる電流の測定には図 2.27 のような主電極とガード電極とで構成された電極を用い，電流の測定には検流計など高感度の電流計を用いて測定する．(a) の測定回路は誘電体の表面を流れる電流を測定する表面電流測定回路で，(b) の回路は誘電体内部を流れる電流を測定する体積電流測定回路である．

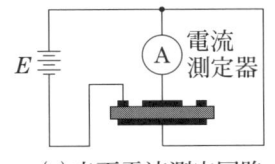

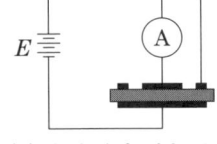

(a) 表面電流測定回路　(b) 体積電流測定回路

図 2.27　電極構成と電流測定系

いま，時間 $t=0$ において直流電圧を印加したとき，図 2.28 に示すように電流は時間とともに減少し，一定値に落ち着いていく．ここで電流は瞬時充電電流（I_{sp}），吸収電流（I_a）および漏れ電流（I_d）の三つに区分することができる．瞬時充電電流は電極や構造体によって構成される静電容量および対地浮遊容量などを充電する際に流れる電流である．充電電流に引き続き指数関数的減衰変化を行っている部分は吸収電流と呼ばれ，固体誘電体が誘電分極（配向分極，界面分極，空間電離分極）する際に流れる電流である．吸収電流は絶縁体の種類や大気条件によっては数十分から数時間もの長い時間流れることがある．漏れ電流 I_d は絶縁抵抗に関係する成分で，材料の絶縁性能と深く関

第 2 章　放電現象

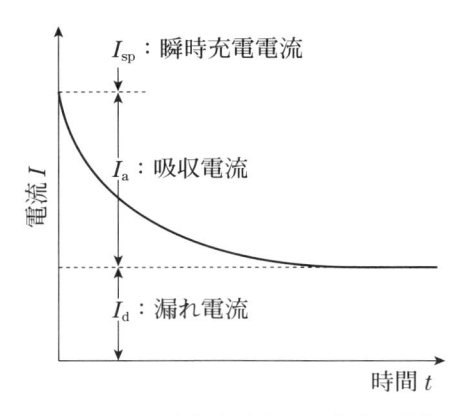

図 2.28　固体誘電体の電流時間特性

わりをもつ．印加電圧が一定のとき，漏れ電流 I_d の大きさは，温度の上昇につれて増加する．この場合の電流 I と温度 T との関係はアレニウスの式に従って式(2-17)のように表現することができる．ここで E_a は活性化エネルギー，T は絶対温度，k はボルツマン定数である．

$$I \propto e^{-\frac{E_\mathrm{a}}{kT}} \tag{2-17}$$

ここで絶縁材料の温度を一定にして印加電圧を増加させたときの電圧－電流特性は図 2.29 に示すように三つの領域に分けることができる．

領域 a は電流が印加電圧に比例して増加する低電界電気伝導領域で，オームの法則が成り立つ．次に領域 b は，高電界電気伝導領域で，電流が指数関数的に増加していく．その後さらに電圧を増加していくと領域 c のように破壊前電流に向けてさらに電流が増加していく．

いま，印加電界 E の下で絶縁材料中を流れる電流の電流密度を J としたときに，電流密度は，式(2-18)で表せる．

$$J = \sigma E = en\mu E = enV_\mathrm{d} \tag{2-18}$$

ここで，σ は導電率，e はキャリアがもつ電荷の大きさ，n はキャリア密度の大きさ，そして μ は移動度である．またさらに，

2-4 固体の放電現象

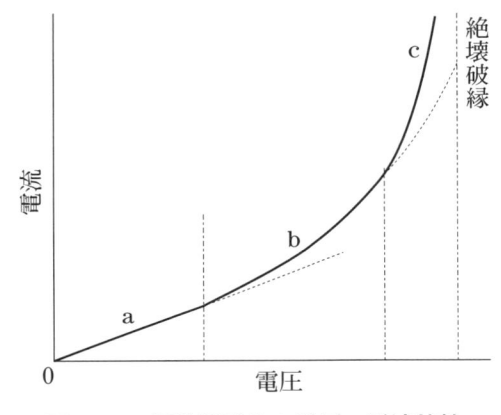

図 2.29 固体誘電体の電圧－電流特性

$$\sigma = en\mu \tag{2-19}$$

$$V_\mathrm{d} = \mu E \tag{2-20}$$

の関係も成立している．

電気伝導に大きく関連する電荷キャリアは荷電担体とも呼ばれ，絶縁体中に存在する自由電子，電極から放出される電子および絶縁体中に生じるイオンに分類することができる．また電子による伝導を電子伝導，イオンによる伝導をイオン伝導といい，低電界下ではイオン伝導が，また高電界では電子伝導が主体になって行われる．さらに電極から電子が放出される機構には，熱電子放出，光電子放出などがある．

外部から強い電界を加えたとき，電位障壁（ポテンシャルエネルギー）が下がって放出していく電子数が増加する現象をショットキー効果と呼ぶ．ショットキー効果によって放出される電流の大きさはショットキー放出電流と呼ばれ，電界 E に対して指数関数的に増加する．一方，熱，光，放射線および電界などの外部エネルギーを与えられた不純物などに束縛されている電子が，伝導電子に転換する際，電界によって転換が容易になって伝導電子の数が増加する現象をプールフレンケル効果と呼ぶ．イオン結晶中に**図 2.30** に示すようなフレンケル欠陥や

第2章 放電現象

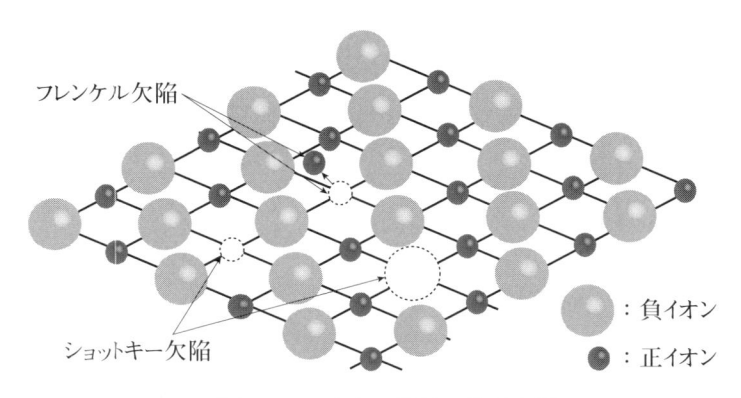

図 2.30 イオン結晶の格子欠陥

ショットキー欠陥がある場合，それは電気伝導のキャリアとして伝導が行われる．

(2) 荷電担体の移動

荷電担体がイオンの場合には，解離などで生じたイオンは原子配列の隙間を縫って移動し伝導する．不純物や上記で述べた欠陥が多い場合には原子配列の隙間が大きくなるため電流は流れやすくなる．次に荷電担体が電子の場合には欠陥が少なく規則正しい原子配列構造の場合に，電子は結晶内を自由に移動できるため，これが伝導に寄与する．非晶質や欠陥が多い結晶の場合，電子の平均自由工程が小さくなるため電流は流れにくくなるが，電子が原子から原子へ，または分子から分子へととび移るホッピング伝導と呼ばれる伝導機構が考えられている．

いま，厚さ d の固体誘電体を平行平板電極で挟んで両端に電圧 V を印加する場合，固体誘電体にかかる電界の大きさ E は

$$E = \frac{V}{d} \tag{2-21}$$

だが，このとき，固体内を流れる単位面積当たりの電流 i_B は式(2-18)に示したように

2-4 固体の放電現象

$$i_\mathrm{B} = en\mu E \tag{2-22}$$

で表される．この電流 i_B をバルク電流と呼ぶ．また陰極から注入する電子は先に述べたショットキー効果などにより単位面積当たりの大きさ i_C の電流が流れる．ここで i_B と i_C のバランスが悪い場合にはバルク内に電荷が蓄積していき，誘電体内部の電界分布が変化して電流は次第に一定値に収束する．$i_\mathrm{C} > i_\mathrm{B}$ の場合には陰極近傍に負の空間電荷（これをホモ空間電荷という）を生じて陰極前面の電界が低下していき i_C が抑制される．このような場合の電子伝導を空間電荷制限伝導（SCLC, space charge limited conduction）という．

(3) **固体誘電体の絶縁破壊**

絶縁材料に印加する電界を増加させていくと，誘電体を流れる電流は非直線的に増加していき，ある電界値を超えると急激に電流が増加して電気絶縁性を失って良導体のようになってしまう現象を絶縁破壊という．絶縁破壊によって注入した大きな電気的エネルギーのため誘電体は焼損して固体の構造が破壊される．気体絶縁の場合には電界の印加をやめると絶縁は回復するが，これを自復性絶縁と呼ぶ．しかし多くの固体絶縁の場合には絶縁の自復性がなく，次に電界を印加した際には低い電界値で絶縁破壊を起こしてしまう．このように絶縁が回復しない絶縁のことを非自復性絶縁と呼ぶ．

絶縁破壊強度は材料によって異なり，絶縁材料はそれぞれ固有の絶縁破壊強度をもっている．実験でこれを求める場合には，試料の厚さ，電圧の種類および周囲媒質などの二次的な要因によって変化する．

厚さ d の固体誘電体の破壊電圧 V_s は，式(2-23)のように表すことができる．

$$V_\mathrm{s} = Ad^n \tag{2-23}$$

ここで A および n は固体に依存する定数で，n の値は 0.3 程度から 1 以下の値をとる．d が増加すると破壊電界強度は減少する．これ

第2章 放電現象

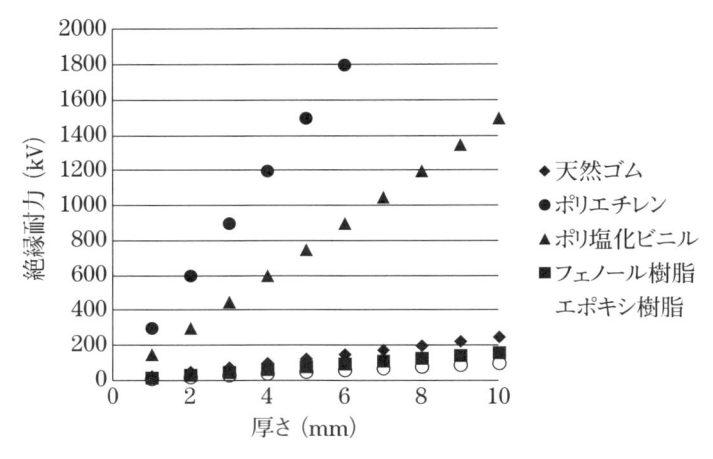

図 2.31 主な固体誘電体の厚み効果

を厚み効果と呼ぶ．

固体誘電体の両端に平行平板電極で挟んで高電圧を印加して絶縁強度を測定するとき，空気中で実験する場合には，多くの場合固体内部を貫通する貫通破壊を起こす前に固体表面部の放電である沿面放電を起こす．これを防ぐためには実験を絶縁油中で行うが，このときに用いる媒質によって破壊電圧に差を生じる．このように周囲媒質によって固体の破壊に影響を与えることを媒質効果という．交流，直流，雷インパルスなどの電圧の違いによっても破壊強度は異なる．これは電圧波形の差が固体誘電体に電圧が加わる時間の差として現れ，破壊機構が異なることや空間電荷の影響の現れ方が異なることなどの理由であると考えられている．一般に電圧の種類と絶縁破壊強度の関連は交流電圧が一番弱く，次に直流電圧，そしてインパルス電圧と続く場合が多くみられる．

(4) 固体誘電体の絶縁破壊理論

固体誘電体が絶縁破壊を起こすメカニズムについては熱破壊理論と電気的破壊理論の二つの理論がある．熱破壊理論は1922年にワーグナー

（Karl Willy Wagner）によって発表された．ワーグナーは木材の電圧－電流特性の測定を行った結果，伝導電流によって生じるジュール発熱や誘電体損によって生じる発熱が放散する熱より大きい場合には固体内部の温度上昇が続き，局所的に高温となって絶縁抵抗が急減して最終的に絶縁破壊が生じるという理論を導き出した．

電気破壊理論は固体誘電体内部の電界によって加速された電子が固体結晶に衝突することで電子を倍増させて発生した電子なだれによって絶縁破壊に至るという理論で，1954年にアメリカMITのヒッペル（Arthur Robert von Hippel）によって発表された．

2-5　複合誘電体中の放電

(1) 複合誘電体の性質

固体と気体，固体と液体そして液体と気体などのように2種類以上の異なる誘電体を組み合わせて構成された誘電体を複合誘電体という．高電圧機器に用いられる複合誘電体の使用例をあげると，固体誘電体と液体誘電体の複合誘電体である油浸紙絶縁や，固体誘電体と気体誘電体の複合誘電体であるスペーサを有するSF_6ガス絶縁システムなどがある．複合誘電体のように2種類以上の異なる誘電体を使用すると，構成するそれぞれの誘電体の誘電率εや絶縁耐力が異なるために，特有の放電現象が起こる．

(2) 複合誘電体における電界強度分布

いま，図2.32のように均一な電界下に2層の誘電体を置いて，それぞれの厚さをd_1, d_2，誘電率をε_1, ε_2として，交流電圧を印加するとき，印加電圧の大きさをVとしたときの各層に加わる電界強度E_1, E_2の大きさは，

第 2 章 放電現象

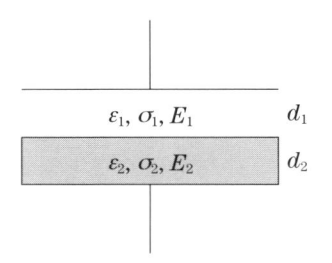

図 2.32 複合誘電体への電界の印加

$$E_1 = \frac{\varepsilon_2}{\varepsilon_1 d_2 + \varepsilon_2 d_1} V \tag{2-24}$$

$$E_2 = \frac{\varepsilon_1}{\varepsilon_1 d_2 + \varepsilon_2 d_1} V \tag{2-25}$$

で求められる．またここで，両層の絶縁破壊強度を E_{s1} および E_{s2} とすると，

$$\varepsilon_1 E_{s1} < \varepsilon_2 E_{s2} \tag{2-26}$$

のときには電束密度が小さい 1 番目の層が先に絶縁破壊を起こす．

次に直流電圧を印加する場合には，電圧を印加した直後には式 (2-24) および式 (2-25) の大きさの電界が加わるが，定常状態になると各層の電界は次式で表せる．

$$E_1 = \frac{\sigma_2}{\sigma_1 d_2 + \sigma_2 d_1} V \tag{2-27}$$

$$E_2 = \frac{\sigma_1}{\sigma_1 d_2 + \sigma_2 d_1} V \tag{2-28}$$

ただし，ここで σ_1，σ_2 はそれぞれの層の導電率である．また，式 (2-26) と同様に

$$\sigma_1 E s_1 < \sigma_2 E s_2 \tag{2-29}$$

のときには電束密度が小さい 1 番目の層が先に絶縁破壊を起こす．

(3) ボイド放電

　固体誘電体のなかが均質でなく，微小な空間ができる場合がある．この空間のことをボイドという．ボイドの部分は固体誘電体の部分と比較して一般的に電界強度が高く絶縁耐力が低いため，高電圧が印加された場合にはその部分が絶縁破壊にいたって放電する．これをボイド放電という．ボイド放電は放電による損傷や化学反応によってボイド周囲の絶縁物を劣化させる原因となる．

　ボイドはさまざまな形状をとることが可能だが**図 2.33**にはその典型例を示す．ボイド中の電界の大きさは固体の比誘電率をε_sとすると，(a)のような偏平型薄層ボイドの場合には，

$$E' = \varepsilon_s E \tag{2-30}$$

で表せ，また(b)のような球形ボイドの場合には，

$$E' = \frac{3E}{2 + \dfrac{1}{\varepsilon_s}} \tag{2-31}$$

と表すことができる．

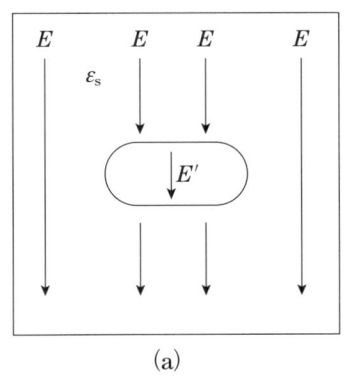

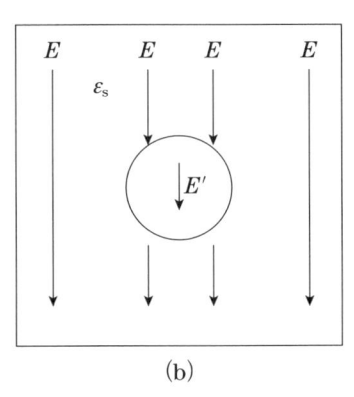

図 2.33 単純な形のボイドによる複合誘電体
(出典) 河村・河野・柳父：「高電圧工学 [3 版改訂]」，電気学会 (2003)

第2章　放電現象

章末問題2

1 17 ℃，1気圧の N_2 ガスについて，平均自由行程を求めよ．ただし N_2 分子の直径を 3.75×10^{-10} m とする．

2 次の説明文の①〜⑤に適切な語句を入れなさい．

空気が絶縁破壊を起こす電位の傾きは，標準大気状態で約 ① kV/cm である．電線表面にごく近い点の電位の傾きがこの値に達したとき， ② が発生し，そのときの電線の電位を ③ と呼ぶ．この値は単導体を用いた三相送電線路では

$$V_c = 48.8 m_0 m_1 \delta^{\frac{2}{3}} \left(1 + \frac{0.301}{\sqrt{\delta r}}\right) r \log \frac{D}{r}$$

で表される．ただし，m_0 は ④ 係数，m_1 は天候係数，δ は相対 ⑤ ，r は電線の半径（cm），D は線間距離（cm）である．

3 変圧器油を加熱するとどのようなガスを発生するか．

第3章　高電圧の発生

この章で学ぶこと

この章では，直流，交流およびインパルスの発生方法について学ぶ．また，インパルス大電流の発生方法も説明する．高電圧とは1章で述べたとおり，日本では750 V以上，国際規格では1 000 V以上の電圧を指す．本書では断りのないかぎり，国際規格に準じて説明を進めていく．

高電圧の発生方法はそれぞれの電圧の種類によって異なるが，いずれも低い電圧から徐々にステップアップして高電圧を発生している．本章ではこれらの電圧の発生方法について詳しく説明する．

第3章　高電圧の発生

☆この章で使う基礎事項☆

基礎 3-1

交流電圧の特性……波高値，実行値，ひずみ率，波形率，波高率

直流電圧の特性……極性，平均値，リプル，リプル率

半波整流回路，全波整流回路

3-1 交流高電圧の発生

(1) 試験用変圧器の誘導励磁による方法

高電圧を発生する目的で製作された巻線比の大きな変圧器（試験用変圧器：testing transformer）を用いて高電圧を発生する方法である．一般的な電力用に用いられる変圧器（power transformer）の容量が数十MVA～数GVAであるのに対して，試験用変圧器は数百kVAから数MVAと小さく，**図3.1**のように単相で二次側の一端を接地していることや，運転時間の定格も数十分から数時間程度と短い，電気絶縁を考慮した構造（内鉄型，油入絶縁）であるなどの特徴がある．さらに試験用変圧器は，電圧が低い場合には**図3.2**に示すように1台の変圧器で構成されるが，電圧が高くなると**図3.3**のように2～3台の変圧器を縦続（カスケード）接続して高電圧を発生する．

試験回路を構成する要素には試験用変圧器のほかに，電源，誘導電圧調整器（induction voltage regulator, IVR），保護抵抗（protective

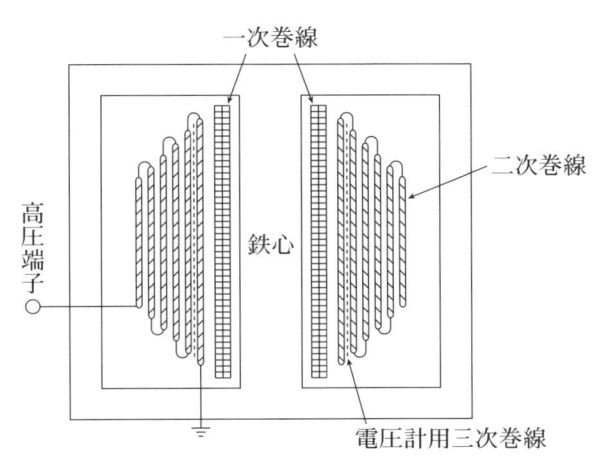

図3.1 試験用変圧器の構造
（出典）木村（監）：「変圧器の設計工作法」，電気書院（1967）

第3章　高電圧の発生

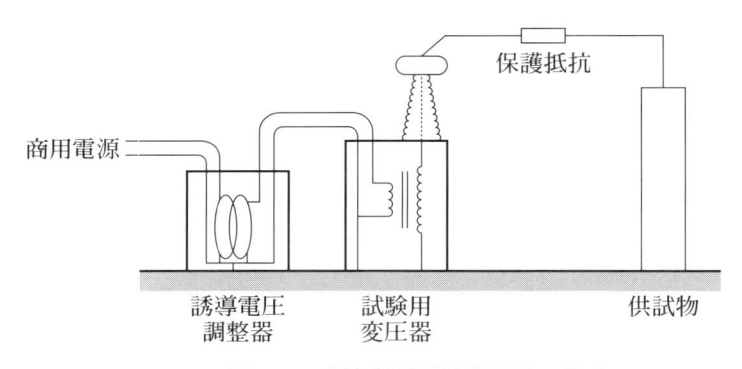

図 3.2 交流高電圧試験回路の構成

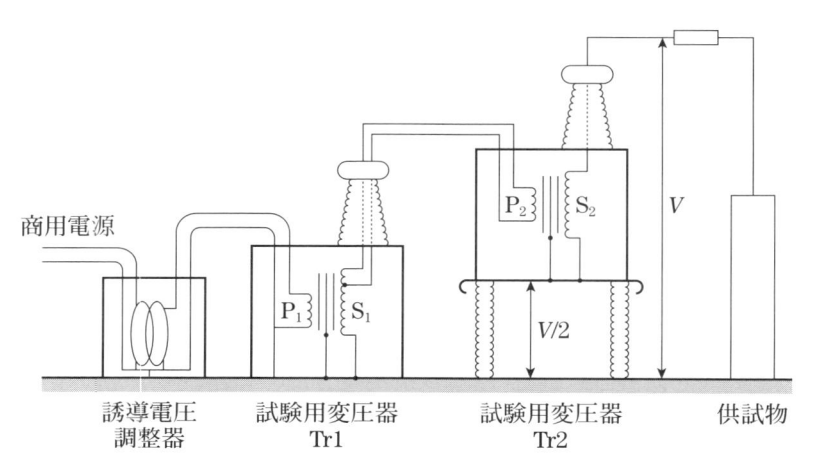

図 3.3 試験用変圧器の縦続接続

resistance）がある．

　電源はひずみ率を小さく抑えるために正弦波発電機を用いるのが理想である．しかし，設備費がかかるために一般的には受電電源（電力会社から受電した電源）が用いられている．また電圧を制御するためには誘導電圧調整器が一般的に用いられている．また変圧器外部に接続する保護抵抗は，試験中に供試物が破損した際に，試験用変圧器の容量を超える短絡電流が流れることによって変圧器が破損することを

防ぐために変圧器出力と供試物との間に挿入する抵抗である．試験用変圧器の定格電圧を決定する際は，供試物の試験電圧に対して30〜50％の余裕をみて決定する．また定格容量の決定は次式で与えられる供試物の静電容量を考慮して決定する．

$$W = VI = \omega CV^2 \ [\mathrm{kV \cdot A}] \tag{3-1}$$

変圧器の漏れインピーダンスと供試物の静電容量とによって共振現象が生じるために電圧波形は一般にひずむ．そのため変圧器の巻数比以上の電圧を発生する．発生した高電圧を測定するためには図3.1に示すように電圧計用三次巻線の出力電圧や，4-2項で述べる標準球ギャップを用いて行う．

(2) **縦続接続による方法**

試験用変圧器の発生電圧が高くなると，絶縁材料の必要量が急増して重量や大きさが増大する．そのため500 kV以上になる場合には1台の変圧器でなく2〜3台の変圧器を縦続接続して使用してコストが抑えられている．図3.3は2台の試験用変圧器Tr1，Tr2を用いて縦続接続したときの回路図である．縦続接続では二次巻線の一部を励磁巻線として2段目の変圧器を励磁する．図では試験用変圧器Tr1の二次巻線S_1からタップを取り出して，それを試験用変圧器Tr2の一次側巻線に接続している．電圧$V \ [\mathrm{V}]$の電圧を発生するために同一タイプの絶縁変圧器を用いてn段のカスケード接続をする場合には，試験用変圧器の絶縁電圧は各段当たり$\dfrac{1}{n}V \ [\mathrm{V}]$に，$m$段目の試験用変圧器の対地絶縁距離は$\dfrac{m-1}{n}V \ [\mathrm{V}]$に耐えるように，また下段の絶縁変圧器の容量ほど大きくなるように設計する．

(3) **共振現象を利用した試験変圧器**

供試物がケーブル，コンデンサ，ガス絶縁開閉装置（Gas Insulated Switchgear, GIS）など，大きな静電容量をもつ負荷の場合には，図

第3章 高電圧の発生

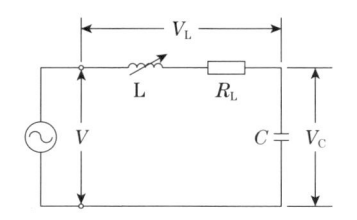

図 3.4 直列共振型高電圧発生回路

3.4のように負荷 C と直列に接続したリアクトルで共振させて高電圧を発生する方法が用いられる．容量性負荷と直列に可変インダクタンスのリアクトルを挿入して，直列共振周波数を電源周波数と等しくなるように調整すると，L, C の共振条件は，

$$\omega L = \frac{1}{\omega C} \tag{3-2}$$

となる．次に試験用変圧器から入力電圧 V〔V〕を印加したとき，共振時にこの回路に流れる電流 I は，

$$I = \frac{V}{R_\mathrm{L}} \tag{3-3}$$

となる．このとき，リアクトルにかかる電圧 V_L〔V〕および負荷にかかる電圧 V_C〔V〕はそれぞれ，

$$V_\mathrm{L} = \frac{V}{R_\mathrm{L}}(j\omega L + R_\mathrm{L}) \tag{3-4}$$

$$V_\mathrm{C} = -j\frac{V}{\omega C R_\mathrm{L}} \tag{3-5}$$

で表される．またここで，式(3-2)の両辺を R_L で割って Q とおく，つまり，

$$Q = \frac{\omega L}{R_\mathrm{L}} = \frac{1}{\omega C R_\mathrm{L}} \tag{3-6}$$

とすると，式(3-4)および式(3-5)は，

$$V_L = (jQ + 1)V \tag{3-7}$$
$$V_C = -jQV \tag{3-8}$$

となるため，供試物にはつまり電源電圧の Q 倍の電圧が印加されることがわかる．なお Q の値は 30～70 程度の値が用いられている．

共振型変圧器は共振をとるため波形のひずみが少なく，供試物に絶縁破壊が生じた場合でも共振がずれるために急速に電圧が低下して短絡電流がリアクタで制限されることや，装置が極端に大型にならずに高電圧を発生できることなどの特徴がある．

3-2 直流高電圧の発生

直流高電圧を発生する方法は，上記で述べたような方法で，まず交流高電圧を発生して，それに整流回路を付加して直流電圧に変換することが一般的である．そのほかにも電荷を機械的に運搬して高電圧を発生する機能をもった静電発電機を用いる方法，写真用積層電池を直列接続して高電圧を得る方法などがある．

(1) 整流回路による直流電圧の発生

図 **3.5** に基本的な整流回路を示す．交流電圧をダイオードなどの整流装置を用いて整流すると(b)図の細い実線のような波形が得られる．これに平滑コンデンサを介するとコンデンサ C には変圧器からの供

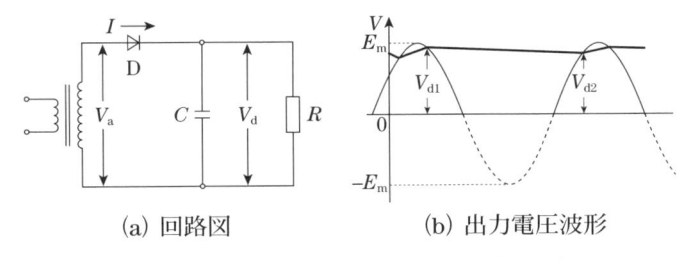

(a) 回路図　　(b) 出力電圧波形

図 **3.5**　整流の基本回路（半波整流回路）

給電圧の最大値 V_a が充電されて直流電圧が得られる．ここで負荷 R を接続すると，コンデンサ C は R を通して放電を行うため，負荷 R の両端に生じる電圧 V_d は太い実線のような脈動（リプル）が生じる．ここで，

$$f_R = 2\frac{V_{d1} - V_{d2}}{V_{d1} + V_{d2}} \tag{3-9}$$

をリプル率と呼ぶ．ここで V_{d1} と V_{d2} の平均値を V_{DC} で表し，

$$V_{DC} = \frac{V_{d1} + V_{d2}}{2} \tag{3-10}$$

とすると式(3-9)は，

$$f_R = \frac{V_{d1} - V_{d2}}{V_{DC}} \tag{3-11}$$

で表される．V_{DC} は信号中の直流成分であり，つまりリプル率は直流成分に対する交流成分の割合を示しているにほかならない．リプル率は直流電圧の品質を定義する重要なファクタの一つである．

整流器はシリコンダイオードに代表される半導体整流器が一般的に用いられているが，古い機器ではケノトロンと呼ばれる高電圧用の2極真空管が用いられているものもある．整流器は(b)図の破線に示されるように最大で $2E_m$ の電圧が加わるため，この逆耐電圧に耐えることが必要となる．素子の耐電圧が不足する場合には，**図 3.6** に示すように整流素子を直接接続して使用する．これらの素子はその特性のばらつきによって，それぞれの素子にかかる電圧が平等にはならない．これを防止するためにそれぞれの整流素子と並列にコンデンサを接続して電圧分布を均一にする．

(2) 倍電圧，三倍圧整流回路

入力する交流電圧の値はそのままで，2倍の電圧値をもつ直流を発生することができる．**図 3.7** はビラード回路と呼ばれる倍電圧整流回

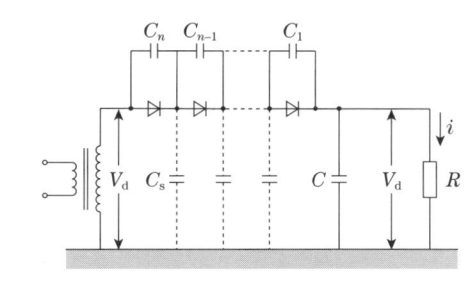

図 3.6 整流素子の直列接続
(出典) 河野：「新版高電圧工学」，朝倉書店 (1994)

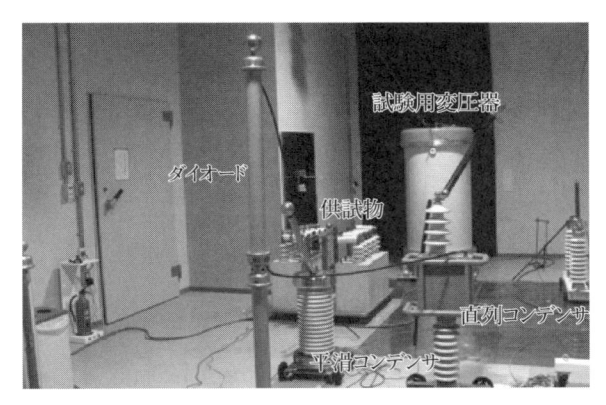

図 3.7 倍電圧整流回路（ビラード回路）の実例

路を組んだ写真である．このような回路は**図 3.8**に示すようにビラード回路のほかにもデロン・グライナッヘル回路，チンメルマン回路，シェンケル回路などと呼ばれる回路がある．

　デロン・グライナッヘル回路は，全波倍電圧整流回路とも呼ばれ，その動作原理はまず，交流電圧の正側半波をダイオード D_1 が整流してコンデンサ C_1 に充電し，さらに負側半波は D_2 が整流して C_2 に充電する．それぞれのコンデンサには電圧 E が充電されているので，抵抗の両端には $2E$ の電圧が生じる．しかし直流出力の電位が交流電圧と異なるため，取扱いに注意が必要である．同様の考え方で $3E$ の

第 3 章　高電圧の発生

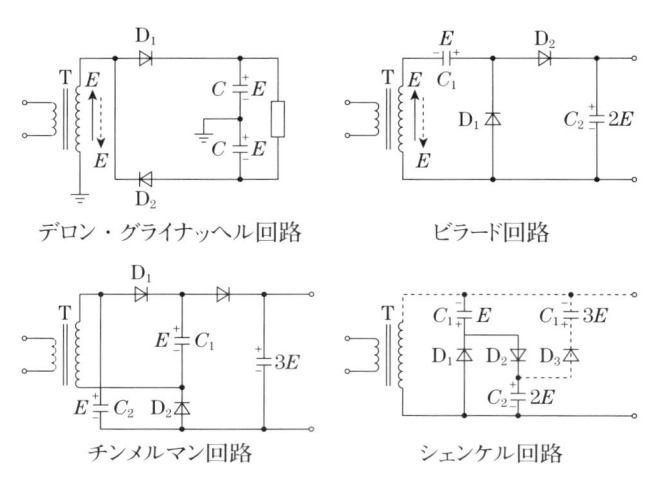

図 3.8　多段型整流回路
（出典）中野（編）：「大学課程　高電圧工学（改訂 2 版）」，オーム社（1991）

電圧を得ることができる回路がチンメルマン回路である．

　ビラード回路は半波倍電圧整流回路とも呼ばれる整流回路で，交流と直流の電位が同じになるため取扱いが容易である．その動作は，まず負側の半波によりコンデンサ C_1 が電圧 E に充電される．次に正側の半波と C_1 に充電された E が直列になり，$2E$ に充電されたコンデンサ C_2 の両端から電圧が出力される．この回路を応用して，コンデンサとダイオードの段数を増加すれば段数倍の出力電圧が得られる．これはシェンケル回路と呼ばれ，図のような位置にダイオードとコンデンサを追加していけば，理論上はいくらでも昇圧可能な回路である．

(3)　コッククロフト・ウォルトン回路

　シェンケル回路は理論上いくらでも昇圧可能な整流回路だが，回路の最終段のコンデンサには出力電圧と同じ大きさの耐電圧が必要になる．コッククロフト・ウォルトン回路は，イギリスの科学者コッククロフト（John Douglas Cockcroft）とアイルランドの科学者ウォルトン（Ernest Thomas Sinton Walton）が 1932 年に粒子加速器用 800 直流

3-2 直流高電圧の発生

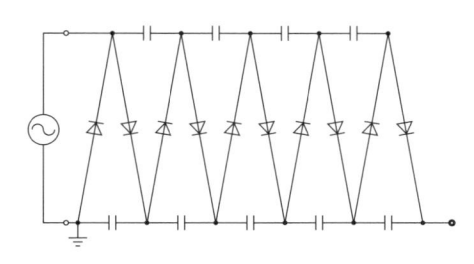

図 3.9 コッククロフト・ウォルトン回路

電源のための回路として開発した．シェンケル回路と違ってすべての素子に同じ耐電圧をもつ素子を用いればよいため，直流高電圧発生装置としてよく用いられている．

(4) 静電発電機

ガラス棒やプラスチックの下敷きをこすると静電気が発生することはよく知られている．また冬の乾燥した日にはドアの取っ手を触ろうとすると，指とドアノブとの間に放電が起こる．これは身体を動かすことで摩擦が起こり，体には数 kV の電荷が蓄電されていくためである．**表 3.1** に示す帯電列表をみると，スーパーやコンビニのビニル袋をぶら下げて家路についている間には衣服との間で電荷が発生し（発電が行われ），蓄積されていく．ドアを開けようとドアの取っ手に手を近づけたとき，アース電位のドアノブとの間で放電が起こり，指先に痛みを感じるのである．このようにものを擦り合わせるのではなく，静電誘導の原理を用いて発生させた静電荷を高電圧電極に蓄積させ，直

表 3.1 主な物質の帯電列表

ガラス	髪の毛	ナイロン	ウール	レイヨン	木綿	麻	絹	木材	人体皮膚	アセテート	ポリエステル	アクリル	紙	エボナイト	金属	ゴム	ポリスチレン	サラン	ポリエチレン	セルロイド	セロファン	塩化ビニル	テフロン
正に帯電しやすい						帯電しにくい												負に帯電しやすい					

第3章 高電圧の発生

流高電圧を発生させる装置を静電発電機と呼ぶ.

絶対温度の単位にもなっている初代ケルビン卿で知られるイギリスの科学者ウィリアム・トムソン（William Thomson）は，1859年に図 3.10 のような水滴発電機を発明した．上部水槽から流れ出た水滴は二つの誘導電極を通過する．このとき電極の静電誘導で水滴は正または負に帯電して下部水槽に溜まる．下部水槽には水とともに電荷が蓄積されていき，次第に両方の水槽間に高電圧が生じていく．

ケルビンの静電発電機のように静電誘導を用いた発電機はほかにもディロッド発電機や，ウィムズハースト（ウイムシャースト）誘導発電機などがある．また，図 3.11 に示すバンデグラフ発電機は，1931年にアメリカの科学者バンデグラフ（Robert J. Van de Graaff）が，人工核変換現に用いる粒子加速器の電源として 1.5 MV の電圧を発生可能な電源を開発した．この直流高電圧発生器は装置下部で発生した電荷をベルトで上部電極に運んで高電圧を発生する装置である．電荷は摩擦により発生する方法，誘導により発生する方法などが考えられるが，実用的にはコロナイオンを発生する方法が用いられている．

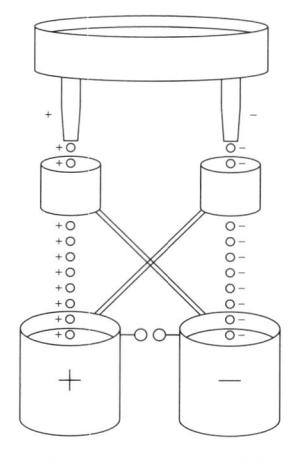

図 3.10 ケルビンの静電発電機 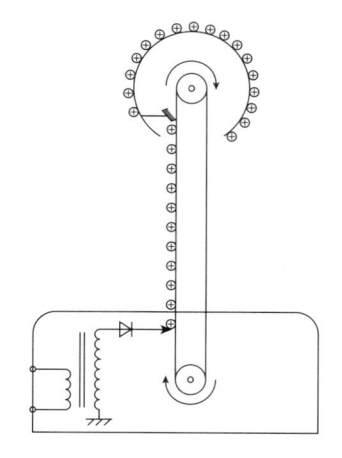　　**図 3.11** バンデグラフ発電機

3-3 インパルス高電圧の発生

電力送電線などの電力設備に雷が直撃した場合や，送電線の逆フラッシオーバや誘導雷，または開閉装置などで電力回路を切断した場合にはサージ電圧と呼ばれる過電圧が発生する．雷に起因するサージは雷サージと呼ばれ，数十 μs 程度の単発現象やこのような現象が断続的に繰り返し発生する．線路の開閉に起因するサージは開閉サージと呼ばれ，雷サージよりも継続時間が長く，数百 μs から数 ms の現象である．

インパルス電圧は，これらのサージ電圧から電力機器を保護するために電力機器の製造時にその耐電圧性能を確認するために印加するサージを模擬した電圧である．インパルス電圧には波形を定量的に示すために，IEC 規格（IEC 60060-1:2010）や JEC 規格（JEC 0202(1994)）で図 3.12 に示すように規定されている．電圧の最大値は波高値 V_p として，また雷インパルス電圧の時間パラメータは波頭長（JEC では規約波頭長）T_1，半波高値までの時間（JEC では規約波尾長）T_2 を，開閉インパルス電圧の場合には波高点までの時間 T_p（JEC では波頭

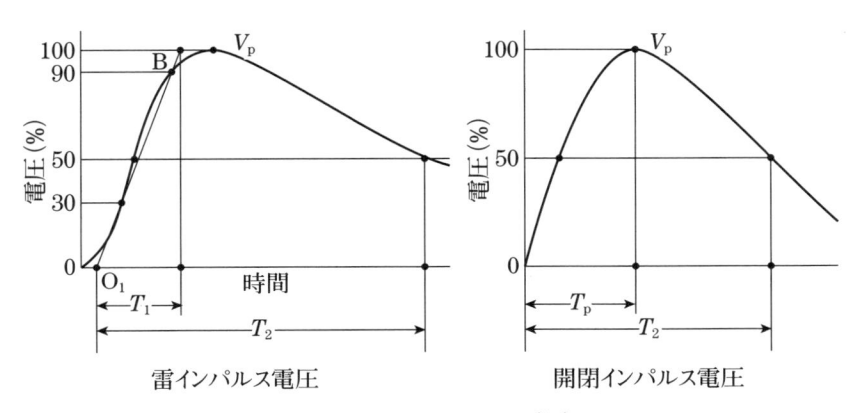

図 3.12 インパルス電圧

第3章　高電圧の発生

長 T_{cr}）と半波高値までの時間（JEC では規約波尾長）T_2 波形を定義している（JEC 規格は現在改訂作業中であり，IEC 規格と整合する予定）．この時間パラメータを決定するために，雷インパルス電圧の場合には波高値の 30 ％ の電圧に達する点と 90 ％ に達する点（これらをそれぞれ 30% 波高点，90 ％ 波高点と呼ぶ）を直線で結び，これが時間軸（電圧 0 V）と交わる点を規約原点 O_1 と定義されている．またこの直線を逆方向に伸ばしていき，波高値と同じ電圧に達する点（C 点）と O_1 の間の時間を規約波頭長と定義されている．さらに立下りの 50 ％ 波高点と規約原点との間が規約波頭長である．開閉インパルス電圧の場合には，現象の開始点（原点）が比較的測定しやすいことから，実際の原点 O から波高点（ピーク点）までの時間が定義されている．規約波頭長 T_1，規約波尾長 T_2 のインパルス電圧波形を表現する場合，IEC 規格では

　　　T_1/T_2 impulse

のように，また JIS 規格，JEC 規格ではそれぞれ

　　　T_1/T_2 インパルス　　および T_1/T_2〔μs〕

のように表すように規定している．さらに標準波形として

　　標準雷インパルス電圧　　：　T_1/T_2〔μs〕= 1.2/50 μs
　　標準開閉インパルス電圧：　T_p/T_2〔μs〕= 250/2 500 μs

と規定しているが，これらの標準波形は正確に発生することが比較的困難であることから雷インパルス電圧は波頭については 30 ％，波尾については 20 ％ の裕度が，また開閉インパルス電圧については波頭については 20 ％，波尾については 60 ％ の裕度が認められている．そのため，雷インパルス電圧については T_1/T_2〔μs〕= (0.84〜1.56)/(40〜60) μs の範囲が，また開閉インパルス電圧については T_p/T_2〔μs〕=(200〜300)/(1 000〜4 000) μs の範囲が標準波形として扱われる．また先に述べた波高値については 3 ％ の裕度が認められている．さら

3-3 インパルス高電圧の発生

に IEC 規格では波頭が 20 μs を超えるものを開閉インパルスと定義しているため，開閉インパルス電圧の校正波形として 20/4 000 μs も規定されている．

図 3.12 に示すように，立上りから立下りまで電圧が連続しているものを全波インパルス電圧と呼ぶ．一方，現象の途中で対地放電が起こり，急激に電圧がゼロになるものを裁断波インパルス電圧と呼ぶ．裁断波は図 3.13 に示すように裁断までの時間 T_c が定義される．また，最大値に達する前に裁断するものを波頭裁断波，最大値に達した後に

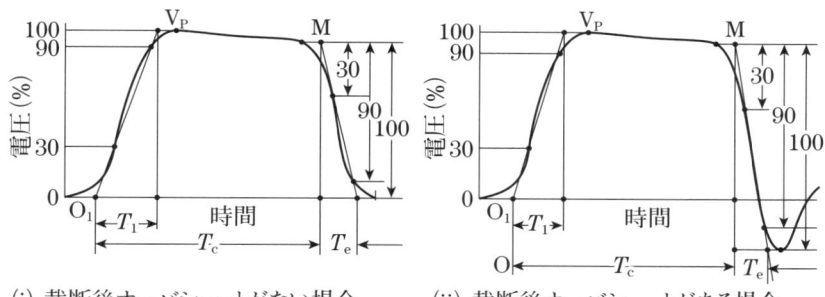

(i) 裁断後オーバーシュートがない場合　　(ii) 裁断後オーバーシュートがある場合
(a) 波尾裁断波電圧の表示

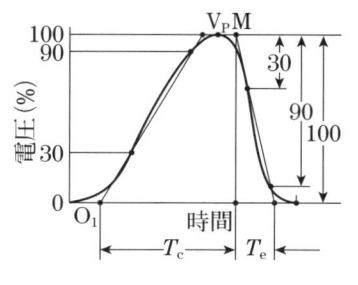

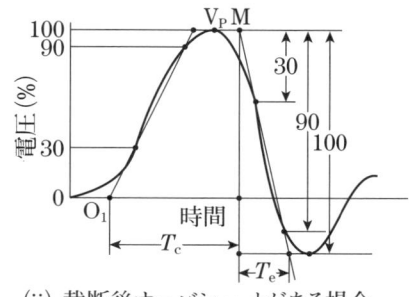

(i) 裁断後オーバーシュートがない場合　　(ii) 裁断後オーバーシュートがある場合
(b) 波頭裁断波電圧の表示

T_1：規約波頭長　　T_e：規約裁断長　　M：規約裁断点
T_c：規約裁断までの時間　　O_1：規約原点　　V_P：波高値

図 3.13 裁断波インパルス電圧
（出典）JEC-0202「インパルス電圧・電流試験一般」(1994)

第3章 高電圧の発生

裁断するものを波尾裁断波と呼ぶ．

(1) **雷インパルス電圧**

雷インパルス電圧は，コンデンサに充電しておいた直流電圧を，火花ギャップなどのスイッチを通して放電させて発生する．この装置はインパルス発生器 IG（Impulse Generator）と呼び，直流電源，充電用コンデンサ，充電抵抗，制動抵抗，放電抵抗，球ギャップ，波形調整用インダクタンスおよび波形調整用コンデンサなどで構成されている．図 3.14 は IG の基本等価回路である．

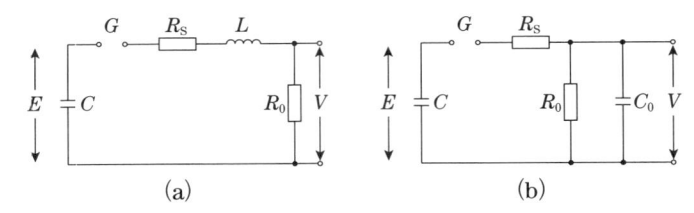

図 3.14 IG の基本等価回路

(a)の回路は RLC 直列回路であり，火花ギャップ G が $t = 0$ で放電したとき，以下の回路方程式が成り立つ．

$$L\frac{\mathrm{d}i}{\mathrm{d}t} + (R_\mathrm{S} + R_0) + \frac{1}{C}\int_0^t i\,\mathrm{d}t = E \tag{3-12}$$

初期条件 $i(0) = 0$ においてこの式を解くと，次の3とおりの振動条件による電流が流れるため，放電抵抗 R_0 の両端に生じる電圧 V は以下のようになる．

① $R_\mathrm{S} + R_0 > 2\sqrt{\dfrac{L}{C}}$ の場合（過減衰）

$$V = E\frac{R_0}{R_\mathrm{S} + R_0}\frac{a}{b}(\mathrm{e}^{-(a-b)t} - \mathrm{e}^{-(a+b)t}) \tag{3-13}$$

② $R_\mathrm{S} + R_0 < 2\sqrt{\dfrac{L}{C}}$ の場合（減衰振動）

3-3 インパルス高電圧の発生

$$V = E \frac{R_0}{R_S + R_0} \frac{2a}{b} e^{-at} \sin(\omega t) \tag{3-14}$$

③ $R_S + R_0 = 2\sqrt{\dfrac{L}{C}}$ の場合（臨界制動）

$$V = E \frac{R_0}{R_S + R_0} 2at e^{-at} \tag{3-15}$$

ここで，

$$a = \frac{R_S + R_0}{2L}$$

$$b = \frac{1}{2L}\sqrt{(R_S + R_0)^2 - \frac{4L}{C}}$$

$$\omega = \frac{1}{LC} - \frac{(R_S + R_0)^2}{4L^2}$$

図 3.14 (b) の回路も同様にして，

① $\{(R_S + R_0)(C + C_0) - R_S C_0\}^2 > 4 R_S R_0 C C_0$ の場合

$$V = \frac{E}{2 C_0 R_S} \cdot \frac{1}{b}(e^{-(a-b)t} - e^{-(a+b)t}) \tag{3-16}$$

② $\{(R_S + R_0)(C + C_0) - R_S C_0\}^2 = 4 R_S R_0 C C_0$ の場合

$$V = \frac{E}{2 C_0 R_S} t e^{-at} \tag{3-17}$$

ここで，

$$a = \frac{(R_S + R_0)(C + C_0) - R_S C_0}{2 R_S R_0 C C_0},$$

$$b = \frac{\sqrt{\{(R_S + R_0)(C + C_0) - R_S C_0\}^2 - 4 R_S R_0 C C_0}}{2 R_S R_0 C C_0}$$

図 3.12 の波形は (a)(b) 両回路ともに ① の条件のときの波形である．インパルス電圧の一般式はこのように次式で表される二つの指数関数

第3章　高電圧の発生

の差分の式で表現される．

$$e = E_0(e^{-\alpha t} - e^{-\beta t}) \tag{3-18}$$

ただし，$E_0 = \dfrac{EA_0}{\beta - \alpha}$

・多段式インパルス発生回路

数十万V以上の高電圧のインパルス電圧を発生させるために，ドイツブラウンシュバイクの科学者マルクス（Erwin Otto Marx）は1924年，多数のコンデンサを並列に充電しておき，それをギャップの火花放電を利用して直列に接続して高電圧を発生させる多段式のインパルス電圧回路（マルクス回路）を開発した．マルクス回路には，①直列充電方式，②並列充電方式，③直並列充電方式などの方式がある．各段ごとに異なる時定数をもつことや，火花連絡特性があまり良好でないなどの欠点はあるが，各段ごとに同一の耐電圧特性をもつ素子を用いればよいことや，構造が簡単であることなどの理由から直列充電方式が現在最も多く用いられている．図3.15に示すように直列充電式と倍電圧直列充電式があるが，大型の高電圧発生機器はほとんどが後者の倍電圧直列充電式を採用している．

充電用コンデンサCには残留インダクタンスが小さく，放電時の電気的ストレスに強いものが選ばれる．一般的には一段当たり0.25～2 μFの容量で耐電圧50～100 kVの定格のものが使用されている．制動抵抗rはインパルス電圧の立上りの大きさに関係するとともに大型となるインパルス発生回路中に発生する寄生振動を抑制するために設けられる抵抗で，通常5～30 Ω程度の小さな抵抗が各段の球ギャップスイッチの両端に接続される．充電抵抗Rは制動抵抗と比較して十分大きな時定数と抵抗値をもつ抵抗で，コンデンサを充電する際に電源容量よりも十分小さな電流を流すために用いる抵抗である．充電抵抗は一般に数十 kΩ 程度の抵抗が用いられる．火花連絡ギャップは

3-3 インパルス高電圧の発生

(a) 直列充電式 　　　(b) 倍電圧直列充電式

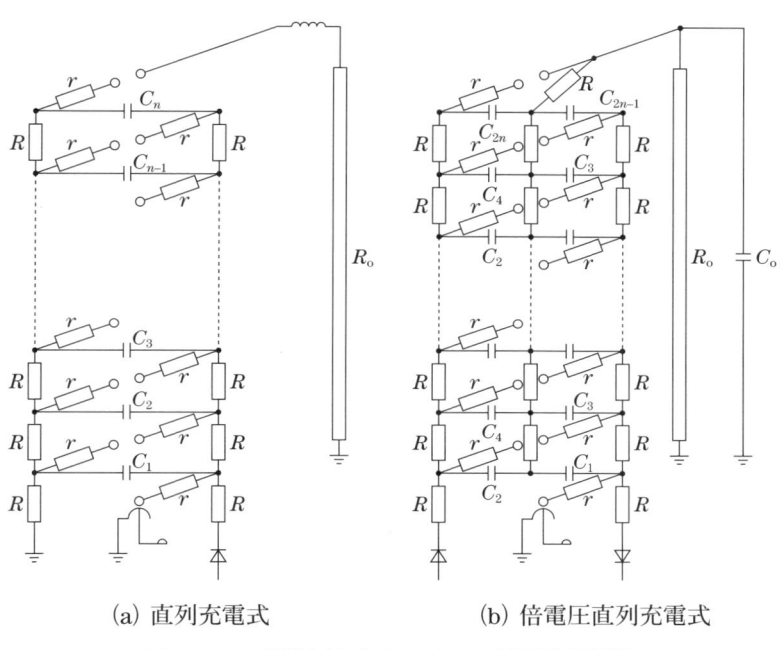

図 3.15　直列充電式インパルス電圧発生回路

並列に充電された各段のコンデンサを直列に接続するためにスイッチするための装置で球ギャップが用いられる．始動ギャップにトリガパルスを印加して放電を点火すると，その瞬間に 2 段目のギャップ，3 段目のギャップ，…の電位が変化して各ギャップ間に高電圧が加わり一気に放電が起こる．始動ギャップは 3 点ギャップや図 **3.16** に示す有孔ギャップなどで作られている．

　インパルス高電圧を発生するには，まず並列に接続されている各コンデンサに充電抵抗 R を通して充電する．次に始動ギャップを放電すると各ギャップが放電を起こす．このとき，充電抵抗 R と比べて制動抵抗 r の値は十分小さいため各段の C は直列に接続されたとみなせる．すなわちコンデンサの充電電圧を E〔kV〕，インパルス電圧発生器の段数を n とすると，倍電圧直列充電式の場合には式 (3-18) の

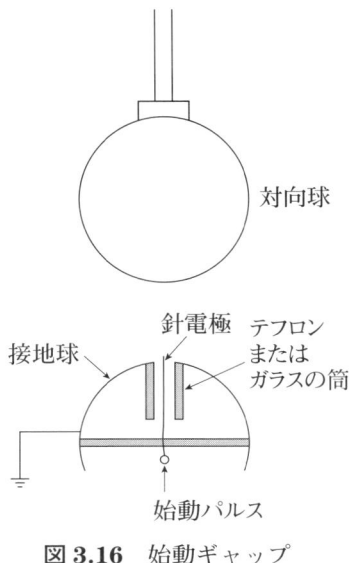

第3章　高電圧の発生

図3.16　始動ギャップ

E_0 は,
$$E_0 = 2nE \tag{3-19}$$
となる.

(2) 裁断波雷インパルス電圧

裁断波雷インパルス電圧は，インパルス電圧発生器と供試物との間に裁断ギャップを接続して発生する．裁断ギャップは適当な時間に裁断を開始するように適当なギャップ長に調整して用いるが，この場合裁断までの時間のばらつきが大きくなる．このばらつきを小さくするためには，一般に図3.16に示すような始動ギャップと同様な有孔球ギャップを用いて裁断したい時間にトリガパルスを印加する．トリガパルスはインパルス電圧発生器の放電抵抗から分圧した電圧を遅延ケーブルなどの遅延回路を通して印加される．また，電圧が高くなると必要となる球ギャップの直径が大きくなるため，小さな裁断ギャップを直列に接続した多段式裁断ギャップが用いられる．

3-3 インパルス高電圧の発生

> **参考④　雷電神社**
>
> 　関東地方には雷電（らいでん）神社と呼ばれる神社がたくさんある．埼玉県内だけでも 30 社近くを地図上で見つけることができるであろう．その由来は多くの神社で不明であるが，関東平野は古くから雷害が多く，度々火災や農作物被害に見舞われていたという歴史がある．そのため村人たちは農業神である賀茂別雷命（かものわきいかづちのみこと）を祀ったのであろうと推測される．雷神の子と言われる賀茂別雷命を祀る世界遺産の京都上賀茂神社では，雷除けばかりでなく，電気産業の守護神として信仰されている．
>
> 雷電神社（埼玉県杉戸町）

(3) 開閉インパルス電圧

　超高圧送電系統では，回路の開閉操作の際に大きな開閉サージ電圧が発生する．開閉インパルス電圧は，先に述べたように継続時間が数百 μs～数 ms の現象のインパルス電圧で，雷インパルス電圧試験と同様に高電圧機器の試験に用いられる．開閉インパルス電圧の発生は雷インパルス電圧発生器の回路定数を変えることで発生させることができるが，雷インパルス電圧と比較して長時間の現象となるため，その等価回路は**図 3.17** に示すとおり，充電抵抗を考慮したものになる．また波高点までの時間 T_p は $R_s C_o$ の時定数で決まるが，T_p が長いため R_s は数 kΩ と大きくなる．

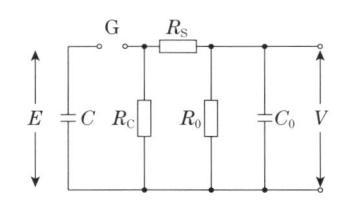

図 3.17　開閉インパルス電圧発生回路の基本等価回路

(4)　インパルス電流

インパルス電流は，落雷などによって生じるサージ電流を模擬した電流で，サージ電流が高電圧機器に流入したとき，その電磁力によって破壊が生じないことを確認するために実施するインパルス耐電流試験および避雷器などの制限電圧特性を確認するために実施するインパルス電流−電圧特性試験に用いられる電流である．

インパルス電流は，その波形の形状によって単極性インパルス電流，振動性インパルス電流，方形波インパルス電流などに分類される．JEC 0202(1994) では，それぞれの波形は図 3.18 に示すように，波高点，規約原点，規約波頭長，規約波尾長，規約電流波高値継続時間，規約電流全継続時間および規約波頭峻度などが規定されている．雷インパルス電圧の場合と同様「規約」とされているように，それらのパラメータは測定波形を解析して得られるパラメータである．波形の表示方法もインパルス電圧の場合と同様に

$$\pm T_1/T_2 \, [\mu s]$$

のように表される．また IEC 62475:2010 の規定では，

$$\pm T_1/T_2 \, \text{impulse current}$$

と表示するように規定されている．さらに標準波形として JEC には，

$$\pm 1/(2\sim3)\,\mu s, \quad \pm 4/10\,\mu s, \quad \pm 8/20\,\mu s \text{ および } \pm 30/80\,\mu s$$

の 4 種類が規定されていて，波形パラメータにはそれぞれ ±10 % の裕度が認められている．また方形波インパルス電流の標準波形には電流

3-3 インパルス高電圧の発生

T_1：規約波頭長
T_2：規約波尾長
P：波高点
O：原点
O_1：規約原点

(a) 単極性インパルス電流

(b) 振動性インパルス電流　　(c) 方形波インパルス電流

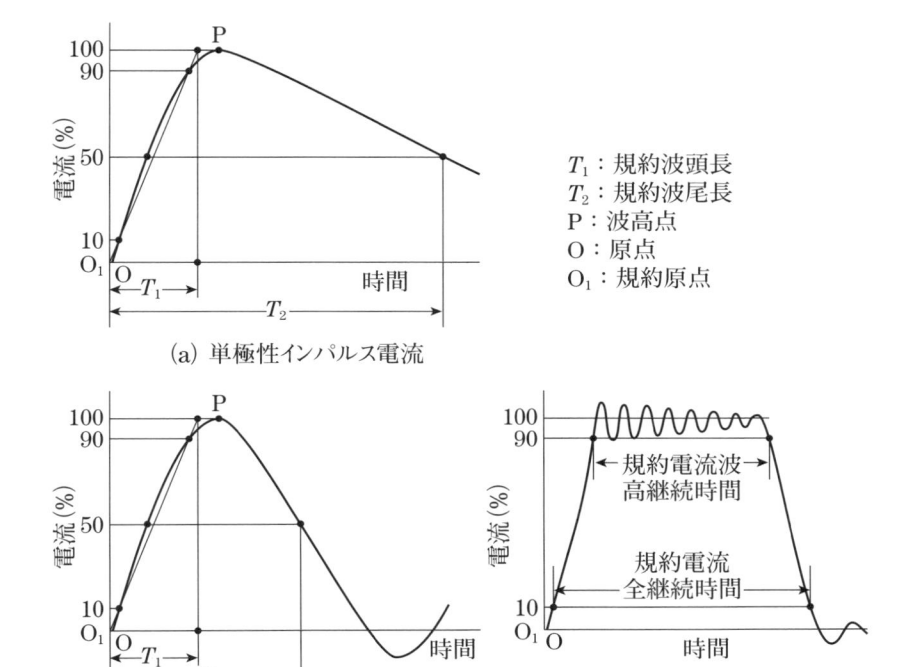

図 3.18　インパルス電流波形
(出典) JEC-0202「インパルス電圧・電流試験一般」(1994)

波高値継続時間が 500 μs，（1 000 μs または 2 000 μs）および 2 000 〜3 200 μs の 3 種類が規定されていて，規約電流全継続時間は電流波高値継続時間の 1.5 倍以内であると規定されている．IEC 62475 規格には，JEC とは異なり，1/ ≦ 20，8/20，10/350 の波形が標準波形に規定されている．これらの規格による差は JEC 規格が IEC 規格と整合する方向で現在改訂作業が進められている．

インパルス電流の発生もインパルス電圧の発生と同様に，キャパシタンスに充電された電荷を放電して発生させる．**図 3.19** にインパルス電流発生回路の等価回路を，また**図 3.20** に実際のインパルス電流

第3章　高電圧の発生

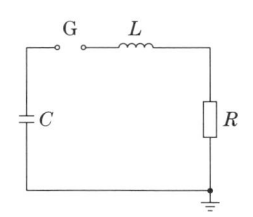

図 3.19　インパルス電流発生回路

図 3.20　インパルス電流発生器（HAEFELY（スイス）社製）

発生器を示す．

　図3.19の等価回路は図3.14(a)と同じ RLC 直列回路である．したがって雷インパルス電圧発生回路と全く同様に考えると $\alpha^2 = \dfrac{R^2 C}{4L}$ の大きさによって発生波形は単極性（$\alpha > 1$）または振動性（$\alpha^2 < 1$）に分類される．図 3.21 に α の値に対する出力波形の例を示す．

3-3 インパルス高電圧の発生

$\alpha = 0.5$　　　　　$\alpha = 1.1$

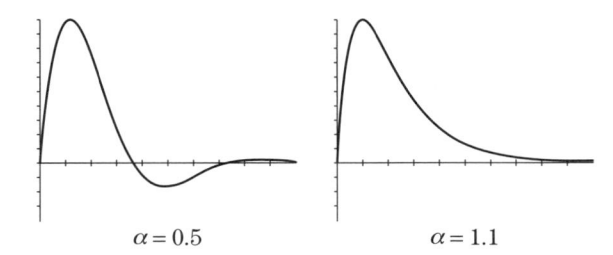

縦軸：0.1 P.U./div,
横軸：100 ms/div

図 3.21　インパルス電流出力波形の計算例

第３章　高電圧の発生

章末問題 3

1　試験用変圧器の構造と特徴について述べよ．

2　コッククロフト・ウォルトン回路の原理を説明せよ．

3　図 3.19 に示したインパルス電流発生器の回路から出力される電流の波形を求めよ．

第4章　高電圧の測定

この章で学ぶこと

　前章では高電圧の発生方法について学んだが，本章ではそこで発生した交流高電圧，直流高電圧ならびにインパルス高電圧およびインパルス大電流の測定方法について学ぶ．高電圧の測定は指示計器で簡単に行うことができないため，高電圧を直接測定する方法や小さな電圧に低減したものを測定するなど，さまざまな方法が用いられている．ここではそれらのなかで代表的な測定法について紹介する．

第4章　高電圧の測定

☆この章で使う基礎事項☆

基礎 4-1

交流電圧のパラメータ（実効値，波高値，ひずみ率，周波数）

基礎 4-2

直流電圧のパラメータ（平均値，リプル率）

4-1 測定対象と測定法

　高電圧測定は，低電圧や小さな電流のように指示計器（メータ）で簡単に測定することができないため，物理学，とりわけ電磁気学の原理・原則を応用したいろいろな方法が開発されている．また最近ではオプトエレクトロニクスを応用した方法も開発されている．

　高電圧の測定対象は表 4.1 に示すように，交流高電圧では，実効値，波高値，ひずみ率など，また直流高電圧では平均値，リプル率が，そしてインパルス高電圧では波高値，波頭長，波尾長，裁断までの時間などになる．

表 4.1　高電圧の測定対象

種別	測定対象
交流高電圧	実効値，波高値，ひずみ率，周波数，波形
直流高電圧	平均値，リプル率
インパルス高電圧	波高値，波形パラメータ（波形，波頭長，波尾長，裁断までの時間）
インパルス電流	波高値，波形パラメータ（波形，波頭長，波尾長）

　高電圧の測定は電力機器を製造した際に所定の電圧に耐えることを確認するために実施する耐電圧試験や，高電圧現象の解析・研究のために行う試験，送電線その他の異常過電圧を測定するために行う．

　高電圧を測定するためには，高電圧放電現象や静電気現象を利用して直接測る方法と倍率器，分圧器ならびに分流器を用いて測定可能な低電圧（小電流）に変換して測る方法がある．表 4.2 に高電圧測定における測定原理とその応用装置を示す．

第4章 高電圧の測定

表 4.2 測定原理と測定装置

測定の原理	測定装置・方法	測定量
分圧・分流	分圧器・分流器	V/I
放電現象	球ギャップ	V
静電気力	静電電圧計	V
静電誘導	PD（コンデンサ型計器用変圧器）	V
電磁誘導	VT（計器用変圧器）	V
	CT（計器用変流器）	I
磁化現象	磁鋼片	I
ポッケルス効果	ポッケルス素子	V
ファラデー効果	ファラデー素子	I

4-2 交流高電圧の測定

交流高電圧は実効値，波高値および波形の測定を行う．実効値を測定するためには次のような方法がある．

・計器用変圧器（VT）を用いる方法
・コンデンサ分圧器を用いる方法
・静電電圧計を用いる方法

また波高値を測定するためには次のような方法がある．

・球ギャップによる方法
・コンデンサの充電電流を測定する方法

さらにオシロスコープなどを用いて，電圧波形を測定する．

(1) **実効値の測定方法**

① 計器用変圧器を用いる方法

高電圧から計器用変圧器（Voltage Transformder：VT）で低電圧に変換した電圧を指示計器で測定する方法である．低圧巻線に接続した電圧計で読み取る方法で，発・変電所での 100 kV 未満の電圧の測

4-2 交流高電圧の測定

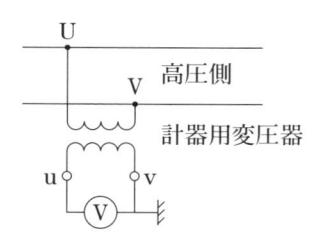

図 4.1 計器用変成器の回路

定などに利用される．1988 年に JIS C 1731（計器用変成器）が改訂されるまでは Potential Transformder (PT) と定義されていて，PT という呼称がずっと使われていたことから，現在でも PT と呼ばれることがある．

② 変圧器の三次巻線を利用する方法

試験変圧器などでは電圧測定のため一, 二次巻線のほかに三次巻線が設けられている．三次巻線には一次側と同じ電圧が発生するのでこれを利用して電圧計で読み取る．校正は，後述する球ギャップで通常行う．

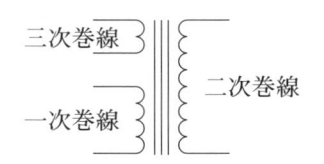

図 4.2 三次巻線を利用する計器用変成器の回路

③ コンデンサ分圧器を用いる方法

図 4.3 の左図のように高圧コンデンサ C_1 とそれより大きい容量をもつ低圧コンデンサ C_2 を用いて，測定電圧を分圧した後に，実効値を測定できる電圧計で低圧コンデンサ C_2 の端子電圧を測定することで実際の交流高電圧を測定することができる．低圧コンデンサの端子電圧を V_2 とするとき，入力電圧 V_1 は

第4章 高電圧の測定

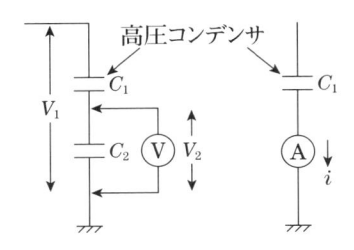

図 4.3 コンデンサ分圧器を用いる方法

$$V_1 = \frac{C_1 + C_2}{C_1} V_2 \tag{4-1}$$

で表すことができる．ここで $\frac{C_1 + C_2}{C_1}$ を分圧器のスケールファクタと呼ぶ．ここでもし，C_2 の容量が C_1 と比較して十分大きい場合には，

$$V_1 = \frac{C_2}{C_1} V_2 \tag{4-2}$$

となる．また同図右の回路のように高圧コンデンサ C_1 に流れる電流 i を測定する場合，f を周波数とすると V_1 は

$$V_1 = \frac{i}{2\pi f C_1} \tag{4-3}$$

で求められる．

　高圧側に用いるコンデンサ C_1 は耐電圧が高く，温度，電圧や近接物体によって静電容量が変わらないものである必要がある．このようなものには，標準コンデンサ，PD（Potential Device），OFケーブルやブッシングが用いられている．標準コンデンサは SF_6 ガス絶縁の遮蔽電極を有する電極構造のコンデンサである．静電容量は50〜100 pF で，耐電圧は最大 800 kV 程度である．

　PD は測定器のインピーダンスによってスケールファクタが変わらないように，低圧コンデンサと負荷の間に補償用インダクタンスを接

4-2 交流高電圧の測定

図 4.4 標準コンデンサ

続したコンデンサ分圧器である．絶縁の信頼性が高く，60 kV 以上の回路に使用されている．次式で与えられるスケールファクタにおいて，

$$\frac{V_1}{V_2} = \frac{C_1 + C_2}{C_1} + \frac{1 - \omega^2 L(C_1 + C_2)}{k\omega C_1 Z} \tag{4-4}$$

電源周波数 ω で L と $C_1 + C_2$ が共振するように L を選択すると，$1 = \omega^2 L(C_1 + C_2)$ となって，これから

$$\frac{V_1}{V_2} = \frac{C_1 + C_2}{C_1} \tag{4-5}$$

となるので，スケールファクタは測定器のインピーダンス Z と無関

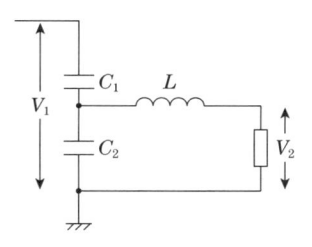

図 4.5 PD の構成

第4章 高電圧の測定

係に一定になる．

④ 静電電圧計を用いる方法

静電電圧計は，対向する二つの電極間の静電吸引力を利用して電圧を直接読み出し測定ができる装置である．静電電圧計には，電極が静電吸引力で並行移動するものと電極が静電吸引力で回転するものの二つのタイプがあり，両者とも高電圧を絶対測定できる，消費電力が小さい，入力インピーダンスが小さい，取扱いが簡単などの特徴をもっている．図 4.6 に静電電圧計の外観を示すが，機械的にデリケートなので手荒に扱わないことや，電圧印加をした後には電源を切っていても端子に高電圧がかかっているので触れないようにすることなどの注意が必要である．

図 4.6　静電電圧計

静電電圧計は図 4.7 に示すような構造になっている．いま，可動電極の面積を A，固定電極と可動電極の間隔を l，そしてその間の静電容量の大きさを C とすると，

$$C = \frac{\varepsilon A}{l} \tag{4-6}$$

で求められる．また，このとき両電極間に蓄えられる静電エネルギー W は，

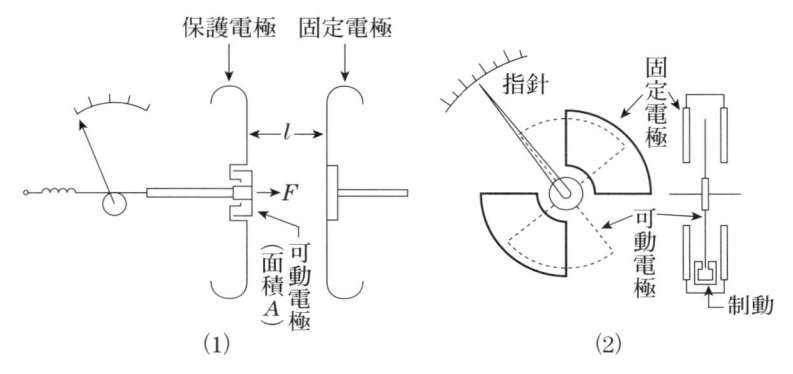

図 4.7 静電電圧計の動作原理

$$W = \frac{1}{2}CV^2 = \frac{1}{2}\frac{\varepsilon A}{l}V^2 \tag{4-7}$$

となり，電圧 V の変化によって可動電極 E が dl だけ減少した場合には，電極間に働く吸引力を F とすると，

$$dW = -dl \cdot F \tag{4-8}$$

したがって

$$F = -\frac{dW}{dl} = V^2 \varepsilon A \cdot 2l^2 \tag{4-9}$$

の吸引力が働く．吸引力は電圧の 2 乗に比例することから，交流電圧の実効値を測定することができる．

(2) **標準球ギャップを用いた波高値の測定方法**

交流高電圧の波高値の測定には標準球ギャップが用いられる．球ギャップは直径 ϕ の等しい球電極を向かい合わせたもので，球の離隔距離と放電圧の値が比例関係にあることを利用して高電圧を直接測定する測定装置である．図 4.8 に示すように球の配置方向によって垂直球ギャップおよび水平球ギャップに分類される．球ギャップによる電界は $d < \phi$ の範囲では準平等電界とみなせるため，JIS C 1001 で

第4章 高電圧の測定

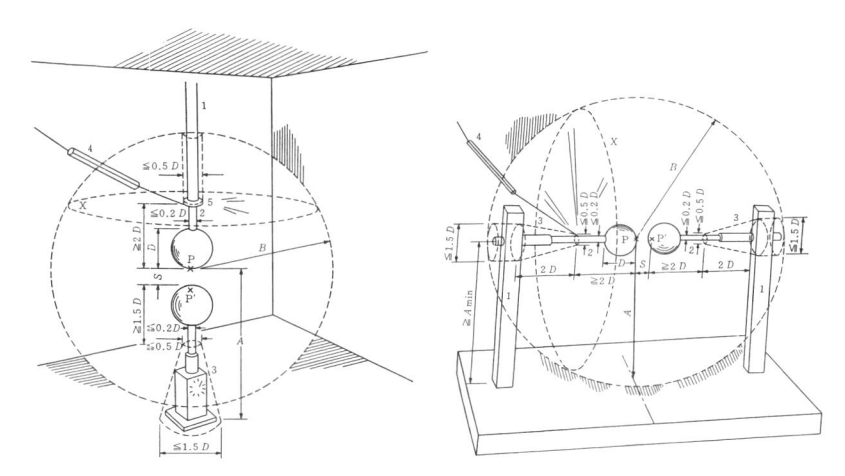

図 **4.8** 標準球ギャップ
(出典) JEC-213「インパルス電圧電流測定法」(1982)

は表 **4.3** に示すように標準大気状態における球の直径に対するスパークオーバ（破壊放電）電圧が定められている．標準大気状態とは，気温 20 ℃，気圧 1 013 hPa の状態をいい，この値以外の場合には後述する補正を行って標準大気状態の値に換算する．標準球ギャップは直径が 2～200 cm の間の 12 種類で，規格には放電電圧値のほかにも表**4.4**に示すように球柄の直径や近接物体との離隔距離の制限値などが詳細に規定されている．さらに，放電によって球が損傷することを防止するために保護抵抗を設ける．交流電圧を測定する際の保護抵抗の値は，100 kΩ から 1 MΩ の大きさが推奨されている．また，安定した放電を得るために球ギャップに紫外線を放射して自由電子を生じさせる．

標準球ギャップを用いて商用周波交流電圧を測定する手順は，まず最初に電源を印加した際にスパークオーバしない十分に低い電圧を球ギャップ間に印加する．次にスパークオーバした瞬間の電圧値の読取りが行えるように，十分にゆっくりとした電圧上昇率で電圧を上昇させていく．30 秒以上の間隔を空けて 10 回以上放電の瞬間の電圧値を

4-2 交流高電圧の測定

表 4.3 スパークオーバ電圧の波高値 (1/2)

単位 kV

ギャップ長 (S) cm	\multicolumn{11}{c}{球の直径 (D) cm}
	2	5	6.25	10	12.5	15	25	50	75	100	150	200
0.05	2.8											
0.10	4.7											
0.15	6.4											
0.20	8.0	8.0										
0.25	9.6	9.6										
0.30	11.2	11.2										
0.40	14.4	14.3	14.2									
0.50	17.4	17.4	17.2	16.8	16.8	16.8						
0.60	20.4	20.4	20.2	19.9	19.9	19.9						
0.70	23.2	23.4	23.2	23.0	23.0	23.0						
0.80	25.8	26.3	26.2	26.0	26.0	26.0						
0.90	28.3	29.2	29.1	28.9	28.9	28.9						
1.0	30.7	32.0	31.9	31.7	31.7	31.7	31.7					
1.2	(35.1)	37.6	37.5	37.4	37.4	37.4	37.4					
1.4	(38.5)	42.9	42.9	42.9	42.9	42.9	42.9					
1.5	(40.0)	45.5	45.5	45.5	45.5	45.5	45.5					
1.6		48.1	48.1	48.1	48.1	48.1	48.1					
1.8		53.0	53.5	53.5	53.5	53.5	53.5					
2.0		57.5	58.5	59.0	59.0	59.0	59.0	59.0	59.0			
2.2		61.5	63.0	64.5	64.5	64.5	64.5	64.5	64.5			
2.4		65.5	67.5	69.5	70.0	70.0	70.0	70.0	70.0			
2.6		69.0	72.0	74.5	75.0	75.5	75.5	75.5	75.5			
2.8		72.5	76.0	79.5	80.0	80.5	81.0	81.0	81.0			
3.0		75.5	79.5	84.0	85.0	85.5	86.0	86.0	86.0	86.0		
3.5		82.5	(87.5)	95.0	97.0	98.0	99.0	99.0	99.0	99.0		
4.0		88.5	(95.0)	105	108	110	112	112	112	112		
4.5			(101)	115	119	122	125	125	125	125		
5.0			(107)	123	129	133	137	138	138	138	138	
5.5				(131)	138	143	149	151	151	151	151	
6.0				(138)	146	152	161	164	164	164	164	
6.5				(144)	(154)	161	173	177	177	177	177	
7.0				(150)	(161)	169	184	189	190	190	190	
7.5				(155)	(168)	177	195	202	203	203	203	
8.0					(174)	(185)	206	214	215	215	215	
9.0					(185)	(198)	226	239	240	241	241	
10					(195)	(209)	244	263	265	266	266	266
11						(219)	261	286	290	292	292	292
12						(229)	275	309	315	318	318	318
13							(289)	331	339	342	342	342
14							(302)	353	363	366	366	366
15							(314)	373	387	390	390	390
16							(326)	392	410	414	414	414
17							(337)	411	432	438	438	438
18							(347)	429	453	462	462	462
19							(357)	445	473	486	486	486
20							(366)	460	492	510	510	510
22								489	530	555	560	560

第４章　高電圧の測定

表 4.3　スパークオーバ電圧の波高値（2/2）

単位　kV

ギャップ長 (S) cm	球の直径 (D) cm											
	2	5	6.25	10	12.5	15	25	50	75	100	150	200
24								515	565	595	610	610
26								(540)	600	635	655	660
28								(565)	635	675	700	705
30								(585)	665	710	745	750
32								(605)	695	745	790	795
34								(625)	725	780	835	840
36								(640)	750	815	875	885
38								(655)	(775)	845	915	930
40								(670)	(800)	875	955	975
45									(850)	945	1 050	1 080
50									(895)	1 010	1 130	1 180
55									(935)	(1 060)	1 210	1 260
60									(970)	(1 110)	1 280	1 340
65										(1 160)	1 340	1 410
70										(1 200)	1 390	1 480
75										(1 230)	1 440	1 540
80											(1 490)	1 600
85											(1 540)	1 660
90											(1 580)	1 720
100											(1 660)	1 840
110											(1 730)	(1 940)
120											(1 800)	(2 020)
130												(2 100)
140												(2 180)
150												(2 250)

（出典）JEC-213「インパルス電圧電流測定法」(1982)

表 4.4　高電圧側球のスパーク点からの離隔距離

球直径 D [mm]	離隔距離 A の最小値	離隔距離 A の最大値	離隔距離 B の最小値
62.5 以下	$7D$	$9D$	$14S$
100～150	$6D$	$8D$	$12S$
250	$5D$	$7D$	$10S$
500	$4D$	$6D$	$8S$
750	$4D$	$6D$	$8S$
1000	$3.5D$	$5D$	$7S$
1500	$3D$	$4D$	$6S$
2000	$3D$	$4D$	$6S$

測定し，放電電圧の平均値と標準偏差を求める．標準偏差の値が平均値の1%未満であればその平均値を用いて後述する大気補正を実施して放電電圧を求める．

(3) 波形の測定

交流高電圧の波形を測定するためには，オシロスコープを用いる．汎用のオシロスコープは定格入力電圧が100Vのものが一般的なので，この電圧に低減するために(1)の③で述べた容量型や後述する抵抗容量型の分圧器を用いる．

4-3 直流高電圧の測定

(1) 測定対象と測定法

直流高電圧は，平均値，リプル率を測定する．それらを測定する方法には，静電電圧計や棒-棒ギャップなどを用いるほか，高抵抗を利用して測定する方法もある．

(2) 高抵抗を用いる方法

図4.9の左図のように高圧抵抗R_1とそれより小さい抵抗値をもつ抵抗R_2を用いて，測定電圧を分圧した後に，直流電圧計で低圧抵抗R_2の端子電圧を測定することで実際の直流高電圧を測定することができる．低圧抵抗の端子電圧をV_2とするとき，入力電圧V_1は前項(2)

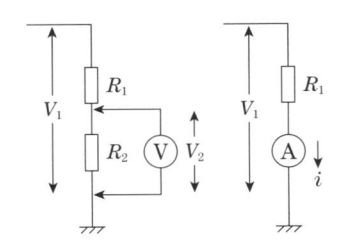

図4.9 抵抗分圧器を用いる方法

第4章 高電圧の測定

の③で述べた容量型分圧器と同様に，

$$V_1 = \frac{R_1 + R_2}{R_2} V_2 \tag{4-10}$$

で表すことができる．ここでも $\frac{R_1 + R_2}{R_2}$ を分圧器のスケールファクタと呼ぶ．図 **4.10** の左図に直流高電圧用に用いられる分圧器を示す．また同図右の回路のように高圧抵抗 R_1 に流れる電流 i を測定する場合，V_1 は

$$V_1 = R_1 i \tag{4-11}$$

で求められる．この抵抗 R_1 は一般に倍率器と呼ばれている．倍率器は数百 MΩ～1 GΩ 程度の抵抗で，図 4.10 の右図に示すように放熱と絶縁のために絶縁油中に入れられたものがよく用いられている．また，図 **4.11** に示すように分圧器とディジタル電圧計が一体となった測定器もある．

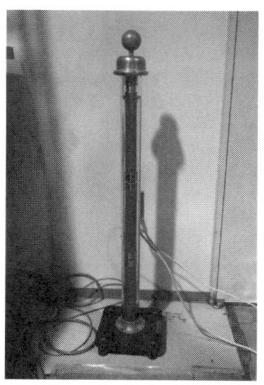

図 **4.10** 分圧器（左）と倍率器（右）（$R = 500$ MΩ）

(3) **標準ギャップを用いる方法**

直流電圧を直接測定する方法に，標準ギャップを用いる方法がある．JIS C 1001 では直流高電圧を測定するためには，棒一棒ギャップを

4-3 直流高電圧の測定

図 4.11 ディジタル測定器一体型分圧器

用いるように規定している．ギャップに用いる棒は，端部の断面を直角に切り落とした一辺 10〜25 mm の正方形で長さが 1 m 以上の銅または黄銅で作られた角棒である．これを**図 4.12** のように配置してギャップ長を調整する．ギャップ長 d〔mm〕と放電電圧 V_0〔kV〕の間には，

$$V_0 = 2 + 0.534d \tag{4-12}$$

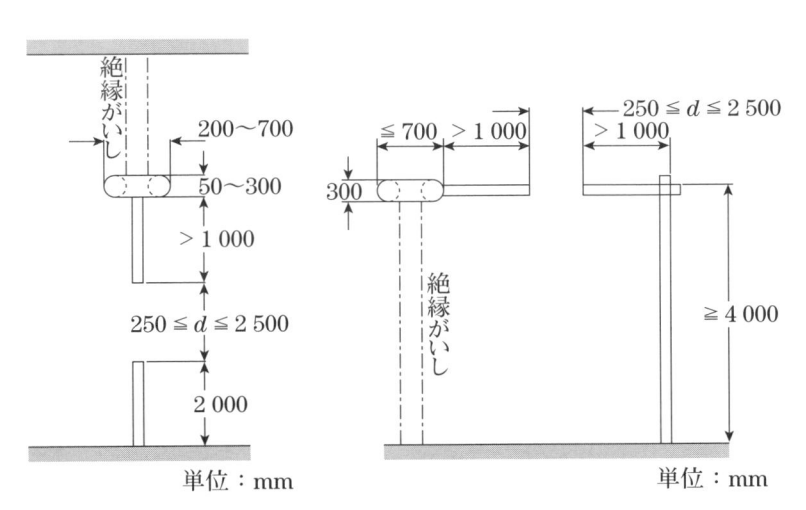

図 4.12 棒-棒ギャップの配置
（出典）JIS C 1001「標準気中ギャップによる電圧測定方法」(2010)

の関係がある．またこの式は d の範囲が 250～2 500 mm，h/δ が 1～13 g/m^3 の範囲で成立する．後述する大気補正の項で詳説するが，h は絶対湿度，δ は相対空気密度である．

標準棒－棒ギャップを用いて直流高電圧を測定する手順は，まず最初に式(4-12)から目的のギャップ長に調整する．そして目標とするスパークオーバ電圧の 75～100 % に到達するまでの時間が約 1 分となるような電圧上昇率で電源を印加する．10 回以上放電の瞬間の電圧値を測定し，平均値を求める．この値に対して後述する大気補正を実施して放電電圧を求める．

(4) オシロスコープを用いる方法

直流高電圧のリプル率を測定するためには波形の測定が必要になる．波形測定のためには，交流高電圧の波形の測定の場合と同様にオシロスコープを用いる．ここでもオシロスコープの入力電圧に低減するために(2)で述べた分圧器を用いる．

4-4 インパルス高電圧の測定

(1) 測定対象と測定法

インパルス電圧の測定対象は，波高値，波形パラメータ（波形，波頭長，波尾長，裁断までの時間）があげられる．これらのパラメータを測定するために，球ギャップ，分圧器，オシロスコープおよび波高電圧計などが用いられる．本節では，これらの測定装置を用いてインパルス電圧を測定する方法について説明を行う．

(2) 球ギャップによる波高値の測定

球ギャップを用いた測定において，あるギャップ長 d〔mm〕で電圧 V〔kV〕を印加する場合，n〔%〕の確率で破壊放電が起こったとする．この電圧を n % スパークオーバ電圧といい，V_n と表記する．

4-4 インパルス高電圧の測定

通常は，50％スパークオーバ電圧 V_{50} が用いられる．この 50％スパークオーバ電圧は，標準雷インパルス電圧の場合と AC 電圧の場合では同一の値をとるので，交流高電圧測定の場合と同様に，標準球ギャップを用いてインパルス電圧の波高値を測定することが可能である．また φ/d が大きい範囲では，正極性の 50％スパークオーバ電圧が負極性よりもわずかに高いため，**表 4.5** に示すように表 4.3 とは別の表が規定されている．

さらに ϕ が 12.5 cm 以下の場合や，50 kV 以下の場合には紫外線の照射を推奨している．交流電圧測定時には紫外線ランプを照射するが，インパルス電圧の場合にはインパルス電圧発生器の球ギャップスイッチの放電によって生じる放電光によって紫外線を照射することができる．また，保護抵抗は，接続線に起因する重畳振動を減衰させるために 500 Ω より小さい無誘導抵抗が接続される．V_{50} の測定は，マルチレベル法を用いて行う．マルチレベル法とは，予想される印加電圧値とその ±1％ および ±2％ の電圧値，計 5 点に対応するギャップ長に調整した標準球ギャップに 10 回以上電圧を印加して V_{50} を推定する方法である．この場合には，決定した V_{50} に対応するギャップ長において，V_{50} よりも 1％ 低い電圧を 15 回印加してスパークオーバが 2 回以上発生しないことを確認しなければならない．

球ギャップを用いたもうひとつの電圧測定方法は昇降法と呼ばれる方法である．昇降法による 50％スパークオーバ電圧ならびにその標準偏差の求め方を次に示す．

・昇降法

昇降法は，スパークオーバ電圧の分布が印加電圧に対して正規累積分布になるとみなし，50％スパークオーバ電圧を求めるための測定方法である．標準球ギャップを用いた昇降法は以下の手順で測定を行う．

① 必ず放電する電圧の最低値 $V_{100}{}'$ と絶対放電しない電圧 $V_0{}'$ の最

第4章 高電圧の測定

表 4.5 スパークオーバ電圧の波高値（正極性）(1/2)

単位 kV

ギャップ長 (S) cm	球の直径 (D) cm											
	2	5	6.25	10	12.5	15	25	50	75	100	150	200
0.05												
0.10												
0.15												
0.20												
0.25												
0.30	11.2	11.2										
0.40	14.4	14.3	14.2									
0.50	17.4	17.4	17.2	16.8	16.8	16.8						
0.60	20.4	20.4	20.2	19.9	19.9	19.9						
0.70	23.2	23.4	23.2	23.0	23.0	23.0						
0.80	25.8	26.3	26.2	26.0	26.0	26.0						
0.90	28.3	29.2	29.1	28.9	28.9	28.9						
1.0	30.7	32.0	31.9	31.7	31.7	31.7	31.7					
1.2	(35.1)	37.8	37.6	37.4	37.4	37.4	37.4					
1.4	(38.5)	43.3	43.2	42.9	42.9	42.9	42.9					
1.5	(40.0)	46.2	45.9	45.5	45.5	45.5	45.5					
1.6		49.0	48.6	48.1	48.1	48.1	48.1					
1.8		54.5	54.0	53.5	53.5	53.5	53.5					
2.0		59.5	59.0	59.0	59.0	59.0	59.0	59.0	59.0			
2.2		64.0	64.0	64.5	64.5	64.5	64.5	64.5	64.5			
2.4		69.0	69.0	70.0	70.0	70.0	70.0	70.0	70.0			
2.6		(73.0)	73.5	75.5	75.5	75.5	75.5	75.5	75.5			
2.8		(77.0)	78.0	80.5	80.5	80.5	81.0	81.0	81.0			
3.0		(81.0)	82.0	85.5	85.5	85.5	86.0	86.0	86.0	86.0		
3.5		(90.0)	(91.5)	97.5	98.0	98.5	99.0	99.0	99.0	99.0		
4.0		(97.5)	(101)	109	110	111	112	112	112	112		
4.5			(108)	120	122	124	125	125	125	125		
5.0			(115)	130	134	136	138	138	138	138	138	
5.5				(139)	145	147	151	151	151	151	151	
6.0				(148)	155	158	163	164	164	164	164	
6.5				(156)	(164)	168	175	177	177	177	177	
7.0				(163)	(173)	178	187	189	190	190	190	
7.5				(170)	(181)	187	199	202	203	203	203	
8.0					(189)	(196)	211	214	215	215	215	
9.0					(203)	(212)	233	239	240	241	241	
10					(215)	(226)	254	263	265	266	266	266
11						(238)	273	287	290	292	292	292
12						(249)	291	311	315	318	318	318
13							(308)	334	339	342	342	342
14							(323)	357	363	366	366	366
15							(337)	380	387	390	390	390
16							(350)	402	411	414	414	414
17							(362)	422	435	438	438	438
18							(374)	442	458	462	462	462
19							(385)	461	482	486	486	486
20							(395)	480	505	510	510	510
22								510	545	555	560	560

4-4 インパルス高電圧の測定

表 4.5 スパークオーバ電圧の波高値（正極性）(2/2)

単位 kV

ギャップ長 (S) cm	球の直径 (D) cm										
	2	5	6.25	10	12.5	15	25	50	75	100	150	200
24								540	585	600	610	610
26								570	620	645	655	660
28								(595)	660	685	700	705
30								(620)	695	725	745	750
32								(640)	725	760	790	795
34								(660)	755	795	835	840
36								(680)	785	830	880	885
38								(700)	(810)	865	925	935
40								(715)	(835)	900	965	980
45									(890)	980	1 060	1 090
50									(940)	1 040	1 150	1 190
55									(985)	(1 100)	1 240	1 290
60									(1 020)	(1 150)	1 310	1 380
65										(1 200)	1 380	1 470
70										(1 240)	1 430	1 550
75										(1 280)	1 480	1 620
80											(1 530)	1 690
85											(1 580)	1 760
90											(1 630)	1 820
100											(1 720)	1 930
110											(1 790)	(2 030)
120											(1 860)	(2 120)
130												(2 200)
140												(2 280)
150												(2 350)

大値を事前に実験で求めておき，以下の式で印加電圧の概略推定値 V_{50}' と標準偏差 σ' の初期推定値を決定する．

$$V_{50}' = \frac{V_{100}' + V_0'}{2} \tag{4-13}$$

$$\sigma' = \frac{V_{100}' - V_0'}{5} \tag{4-14}$$

② 最初の印加電圧 V_0 を $V_0 = V_{50}'$，電圧変動幅 V_d を $V_d = \sigma'$ として球ギャップに電圧 V_0 を印加する．

③ スパークオーバした場合には，次の印加電圧 V_1 の値を $V_1 = V_0 - V_d$，スパークオーバしなかった場合には $V_1 = V_0 + V_d$ として次の電圧を印加する．

第4章　高電圧の測定

④　以下同様にしてスパークオーバした場合には，次の印加電圧値を V_d 減じ，スパークオーバしなかった場合には V_d 増加して30～40回電圧を印加する．

⑤　スパークオーバしなかった回数（スパークオーバした回数のほうが少ない場合にはスパークオーバした回数）を N とする．各電圧レベル i における度数をレベルの低いものから $n_0,\ n_1,\ n_2,\ \cdots,\ n_k$ とおけば，

$$V_{50} = V_\mathrm{L} + V_\mathrm{d}\left(\frac{A}{N} \pm \frac{1}{2}\right) \tag{4-15}$$

$$\sigma = 1.62 V_\mathrm{d}\left(\frac{NB - A^2}{N^2} + 0.029\right) \tag{4-16}$$

ここに

$$N = \sum_{i=0}^{k} n_i, \quad A = \sum_{i=0}^{k} i n_i, \quad B = \sum_{i=0}^{k} i^2 n_i$$

また，V_L は $i=0$ における電圧であり，スパークオーバしなかった回数を N とするときには $\pm$ は $+$ を，スパークオーバした回数を N とするときには $-$ を選択する．

次に，昇降法試験の計算例を示す．$V_0 = 200$ kV，$V_\mathrm{d} = 2$ kV，$n = 30$ とした場合の試験結果を**表 4.6** に示す．表中，スパークオーバしたときに○で記し，次の回の印加電圧を下げる．スパークオーバしなかったときには×で記し次の回の印加電圧を上げる．30回印加した時点

表 4.6　インパルス電圧試験の昇降法の例

印加電圧 (kV)		回数 n
	202	○　　　　　　　　○
	200	○　○　　　　○　×　○　　　○　　×　○　　　○
	198	×　○　○　○　×　×　　○　×　○　×　　○　×　○
	196	×　×　×　　　　×　　　×　　　×ー

4-4 インパルス高電圧の測定

でスパークオーバした回数を数えると 16 回，スパークオーバしなかった回数を数えると 14 回なので，ここではスパークオーバしなかった回数を採用して $N = 14$ とする．このとき $V_L = 196$ kV，$i = 4$ として A，B を表 4.7 のように計算する．

表 4.7 昇降法の計算例

印加電圧 (kV)	i	n_i	$i \cdot n_i$	$i^2 \cdot n_i$
202	3	0	0	0
200	2	2	4	8
198	1	6	6	6
196	0	6	0	0
Σ		14 (= N)	10 (= A)	14 (= B)

したがって，

$$V_{50} = 196 + 2\left(\frac{10}{14} + \frac{1}{2}\right) = 196 + 2 \times 1.21 = 198.4 \text{ kV} \quad (4\text{-}17)$$

$$\sigma = 1.62 \times 2\left(\frac{14 \times 14 - 10^2}{14^2} + 0.029\right) = 1.68 \text{ kV} \quad (4\text{-}18)$$

標準偏差の値を V_{50} に対する百分率に換算すると 0.85 % なので，正しい測定ができたことが確認される．

(3) 分圧回路とオシロスコープによるインパルス電圧の測定

分圧回路とオシロスコープはインパルス電圧の波形パラメータの測定に不可欠である．図 4.13 にインパルス電圧測定システムの基本回路を示す．

インパルス電圧測定システムは分圧器，伝送システムそして測定器で構成されている．分圧回路は測定する高電圧をできるだけ正確に測定器（オシロスコープ）に伝送することが必要である．その目的のために図 4.14 に示すようなさまざまな形式の分圧器が開発されている．

(a)は一般的な抵抗分圧器で，インパルス電圧測定用としては 1928

第4章　高電圧の測定

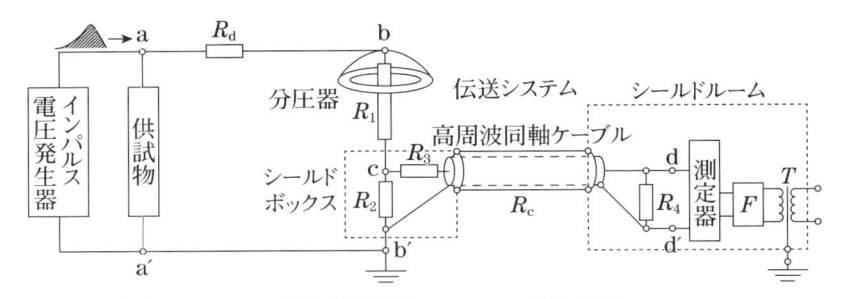

R_d：制動抵抗，R_1：分圧器高圧部抵抗，R_3，R_4：整合抵抗，
R_c：高周波同軸ケーブルの抵抗，F：ラインフィルタ，T：静電シールド付絶縁トランス

図 4.13　インパルス電圧測定システムの基本回路

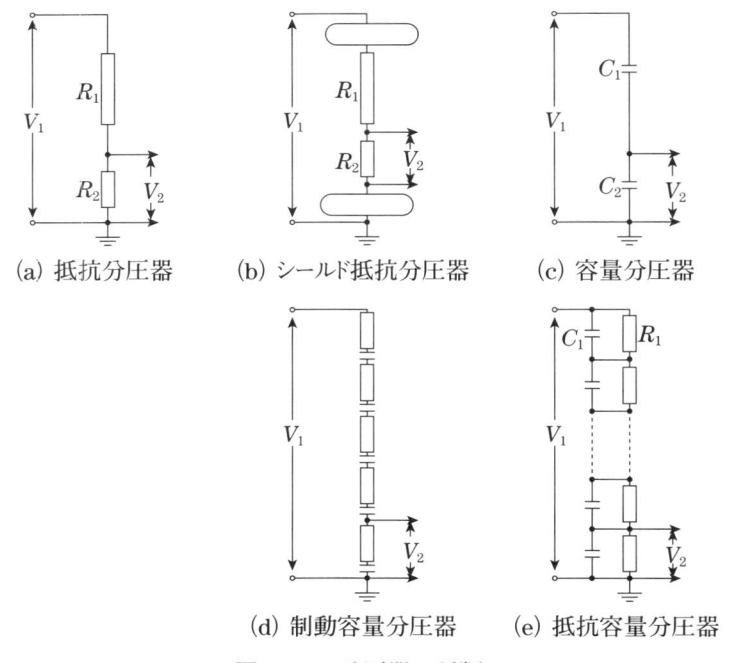

(a) 抵抗分圧器　　(b) シールド抵抗分圧器　　(c) 容量分圧器

(d) 制動容量分圧器　　(e) 抵抗容量分圧器

図 4.14　分圧器の種類

年にアメリカの Westinghouse 社によって 2 000 kV 用分圧器が初めて製造された．高圧部抵抗 R_1 は通常，数 kΩ～数十 kΩ の大きさの抵

4-4 インパルス高電圧の測定

抗が用いられる．図3.14に示したインパルス電圧発生器の放電抵抗と並列に接続されることから，出力波形，特に波尾長に影響を与えるためインパルス電圧発生器の回路定数決定の際には放電抵抗の一部として考慮される．低圧部には，測定器の定格電圧の範囲内の電圧 V_2 を生じさせるために必要な抵抗値が選択される．前項(2)でも述べたように

$$V_1 = \frac{R_1 + R_2}{R_2} V_2 \tag{4-19}$$

の関係が成立し，$\frac{R_1 + R_2}{R_2}$ を分圧器のスケールファクタと呼ぶ．図4.13に用いられるスケールファクタ $S.F.$ は，

$$S.F. = \frac{(R_\mathrm{d} + R_1 + R_2)(R_3 + R_4 + R_\mathrm{K}) + (R_\mathrm{d} + R_1)R_2}{R_2 R_4} \tag{4-20}$$

で表すことができる．

　高電圧測定用の分圧器は一般に大型となるため，対地浮遊静電容量や，抵抗体相互間に発生する静電容量が発生し，分圧器の電位分布が均一にならないために印加された波形が正確に低圧部に再現されず波形はひずむ．これを防止するために図4.14(b)に示すように分圧器の両端にシールド電極を設けたものがシールド抵抗分圧器である．このシールド電極間に生じた静電容量によって抵抗体へ電流を流し，それによって低圧部に生じる波形を補償する役割をもっている．シールドの形状やカブリの深さは，電荷重畳法などの電界計算を行って決定する場合や，後述するステップレスポンス測定試験を行って実験的に決定する場合がある．1937年にJulius Hagenguthによって初めてシールド分圧器が開発されて以来，現在最も多く用いられている分圧器の形式がシールド抵抗分圧器である．代表的なシールド抵抗分圧器であるわが国の国家標準級分圧器を**図4.15**(a)に示す．

第4章　高電圧の測定

(a) シールド抵抗分圧器(日本)　　(b) 制動容量分圧器(ドイツ)

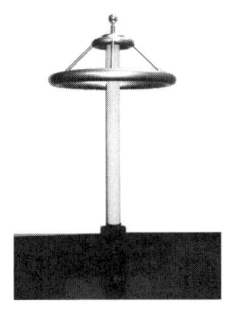

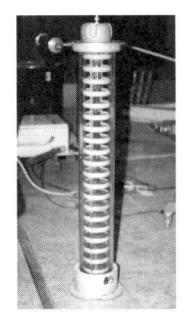

図 4.15　インパルス電圧測定用国家標準分圧器

(c)は 4-2 項(1)の③でも述べた容量分圧器である．1920 年代には送電線に重畳する雷サージの測定のためにがいしの静電容量を利用したがいし分圧器が用いられた．しかし容量分圧器は接続線のインダクタンスやコンデンサの残留インダクタンスがコンデンサの静電容量と共振を生じてしまい，分圧器内に往復振動が生じる場合がある．そのため，多くの容量分圧器には制動抵抗が直列に接続されている．しかしながら通常 1 個の制動抵抗だけでは局部振動を完全に防止することはできない．そのため 1964 年にチューリッヒ工科大学のチェンゲル（Walter Zaengl）博士は(d)に示すように容量分圧器の高圧部コンデンサを複数直列接続し，その間に制動抵抗を配した制動容量分圧器を開発した．この分圧器は局部振動が完全に抑圧されたばかりでなく，優れた応答特性をもつ分圧器で，ドイツの国家標準（図 4.15(b)）として用いられているばかりでなく広く産業界で採用されている．

(e)の分圧器は制動容量分圧器の各段に並列に高抵抗を接続した分圧器である．並列に接続した高抵抗によって，インパルス電圧ばかりでなく，直流電圧まで測定可能であるため，汎用分圧器とも呼ばれている．

分圧回路の性能はスケールファクタと応答特性で示すことができる．応答特性はステップレスポンス測定と呼ばれる方法で評価を行う．こ

4-4 インパルス高電圧の測定

れは図 4.13 において aa′ 間にステップ（直角波）電圧を分圧器に入力したときに dd′ に現れる波形で応答特性を評価する目的のほかに，長期にわたる安定性の確認や，コンボリューションを用いた測定システムの評価にも用いられている．図 4.16 にステップレスポンス波形の例 $g(t)$ および応答積分波形 $T(t)$ を示す．横軸は時間を表し，縦軸は最終値を 1 に正規化して示している．またそれぞれのパラメータは IEC 60060-2 で表 4.8 のように定義されている．実際にステップレスポンス試験を実施する際には，一定値の波尾をもつステップ波形を得るために，あらかじめ直流電圧を印加しておいて，立上りが高速かつチャタリングがない水銀スイッチなどの素子でゼロレベルに接地する

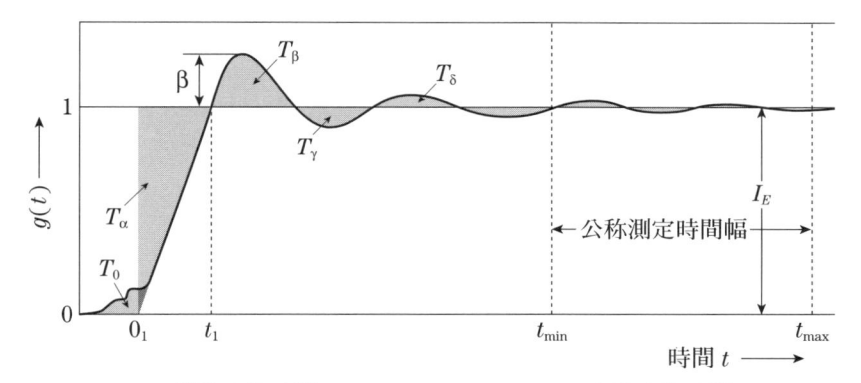

T_α：部分応答時間　　$T_N = T_\alpha - T_\beta + T_\gamma - T_\delta \cdots$：実験応答時間
O_1：規約原点　　T_0：初期歪み時間　　$t_{min} \sim t_{max}$：公称測定時間幅

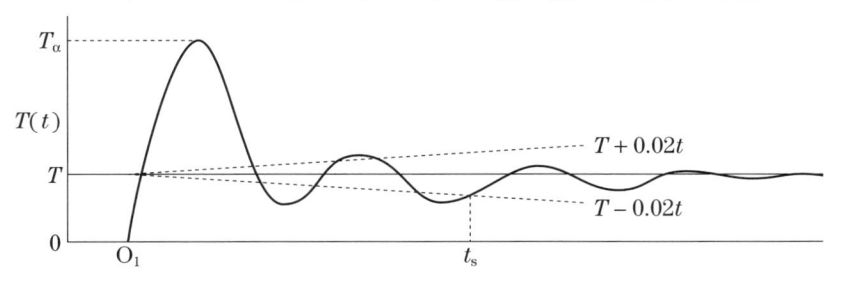

図 4.16　インパルス電圧測定用分圧器のステップレスポンス

第4章 高電圧の測定

表 4.8 基準測定系に対するステップレスポンスパラメータの定義

1)	$g(t)$	ステップ電圧を測定系に入力したとき出力される波形
2)	規約原点 O_1	ステップレスポンスの波頭部分のうち傾斜が最も急な部分に引いた接線と時間軸との交点
3)	ステップレスポンス積分 $T(t)$	$T(t) = \int_0^t g(t)\mathrm{d}t$
4)	公称測定時間幅	測定対象とするインパルス電圧の波頭長の範囲
5)	実験応答時間 T_N	$T_N = T(t_{\max})$
6)	部分応答時間 T_α	$T_\alpha = T(t_1)$, t_1 は，$g(t)$ が最初に 1 に達する時間
7)	残留応答時間 $T_R(t_1)$	T_N から $t_1 < t_{\max}$ の範囲内の時刻 t_1 におけるステップレスポンス積分を引いたもの $T_R(t_1) = T_N - T(t_1)$
8)	オーバシュート β	$g(t)$ が 1 を超えた量の最大値
9)	安定時間 t_s	残留応答時間 $T_R(t_1)$ が，t の2%未満となる最短の時間 $\lvert T_N - T(t) \rvert < 0.02 t_s$
10)	初期ひずみ時間 T_0	図 4.16 の T_0 の面積

立下り波形を用いる．

伝送システムには，主に高周波同軸ケーブルが用いられている．同軸ケーブルの両端には整合抵抗が接続されているが，図 4.13 の回路では同軸ケーブルの特性インピーダンスを Z_0 とすると，

$$Z_0 = R_2 + R_3 = R_4 \tag{4-21}$$

として，信号の反射を抑えている．最近ではさらにシールド効果を高めた二重シールド同軸ケーブルや光ファイバを用いた伝送システムも使用されている．

測定器には，従来アナログオシロスコープが使用されてきた．入力電圧が 100 V 程度の汎用機のほか，Tektoronix507 型のように

4-4 インパルス高電圧の測定

3 000 Vの高電圧を入力することが可能な専用器も広く用いられていた．これらの波形を記録するためには，ポラロイドカメラを使って写真をとり，紙媒体で記録を行っていた．近年ディジタル測定器が急速に普及したことからアナログオシロスコープはディジタルレコーダに置き換えて用いられるようになってきている．ディジタルオシロスコープの利点は，ディジタルデータで波形が記録できるため，表示や波形パラメータの計算はコンピュータで簡単に行うことができることや，アナログオシロスコープでは困難であったトリガ以前の現象の測定がプリトリガ機能によって簡単に行えるようになったことである．ディジタルオシロスコープも汎用機のほか，海外のメーカ数社から高電圧測定専用としてディジタルレコーダも市販されている．図 **4.17** は，入力電圧 1 600 V，サンプリングレート 200 MS/s，分解能 14 ビットの高電圧専用測定器である．

図 **4.17**　高電圧専用測定器（TR-AS 200-14 型（ドイツ））

(4) **振動性雷インパルス電圧**

インパルス発生器は一般に大型になるため，回路中の残留インダクタンスや浮遊容量の影響で，試験波形に振動が重畳する場合がある．このようなときに IEC 規格では次に述べる方法で波形パラメータを

第 4 章　高電圧の測定

決定するように規定している．図 **4.18** の測定波形は，振動が重畳した雷インパルス電圧である．

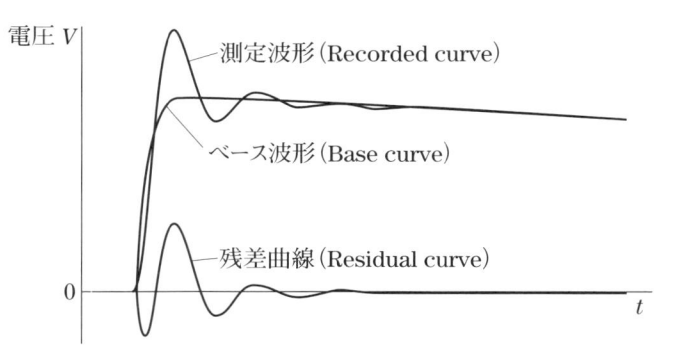

図 4.18　振動性雷インパルス電圧の波形パラメータ算出

まず測定波形をベース波形に重ね合わせる．ベース波形は式(3-18)のインパルス電圧の基本式で表せるため，波形の重ね合わせは最小 2 乗法などを用いてパソコン上で行うことができる．次に，測定波形からベース波形を引き振動成分を残差曲線として抽出する．この残差曲線に対して図 **4.19**(b)で示す試験電圧関数と呼ばれるローパスフィル

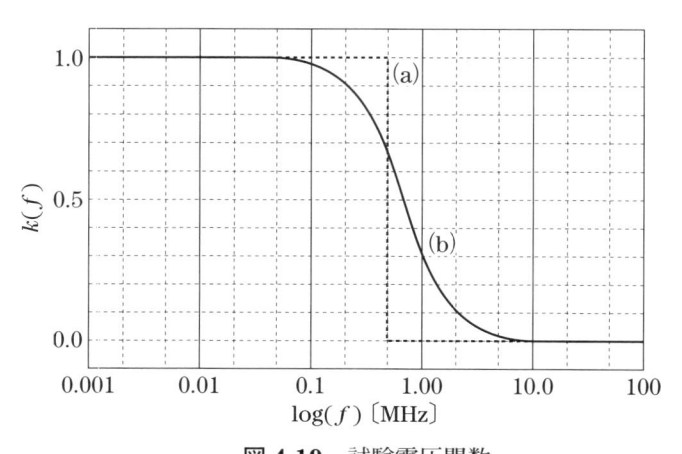

図 4.19　試験電圧関数

4-4　インパルス高電圧の測定

タを施す．そして生成された曲線とベースカーブとを合成して得られた試験電圧波形から波形パラメータを算出する．

また波形を算出するソフトウェアの有効性を検証するために，IEC規格では，IEC-TDG（Test Data Generator：試験データ発生器）というソフトウェアを規定している．

(5) **開閉インパルス電圧**

開閉インパルス電圧の測定も，雷インパルス電圧の測定と同様に，標準球ギャップを用いた測定および分圧器と測定器を組み合わせた測定システムを用いた測定法がある．球ギャップを用いた測定の場合は，雷インパルス電圧の場合と同じ手順を用いるが，雷インパルス電圧の場合と異なり極性による変化がないことから，交流高電圧と同じ表 4.3 および表 4.4 のみを用いる．

開閉インパルス電圧は波尾が数 ms と長いため，図 3.17 に示す開閉インパルス電圧発生回路において，放電抵抗 R_0 は雷インパルス電圧の回路と比較すると大きな値をもつ．抵抗分圧器を用いて測定する場合には数百 kΩ 程度の高圧部抵抗をもつ分圧器が必要になるが，放電抵抗の値は分圧器との並列接続になり，波尾が短くなるおそれがある．そのため測定システムを用いて測定する場合には，分圧器は(3)でも述べたとおり一般には容量分圧器，制動容量分圧器または抵抗容量分圧器が用いられる．

(6) **インパルス電流**

インパルス大電流を測定するためには，大電流を電圧に変換する「変換装置」と電圧に変換された波形を記録する「測定器」が必要である．変換装置には，「分流器」「高周波変流器（CT）」「ロゴウスキーコイル」などが一般に用いられている．

分流器はインパルス電流発生回路に直列に挿入した低抵抗の両端に発生する電圧を測定する測定装置である．抵抗値は数 mΩ と低抵

第4章 高電圧の測定

抗でありながら，数十 kA の電流が流れるため，その抵抗の両端には数 V から数十 V の起電力が生じる．また，応答特性の向上のために同軸円筒構造の同軸分流器が用いられる．**図 4.20** に分流器の構造を，また**図 4.21** に同軸分流器の写真を示す．この分流器は，国家標準級分流器で，抵抗値 1 mΩ，定格電流 200 kA である．

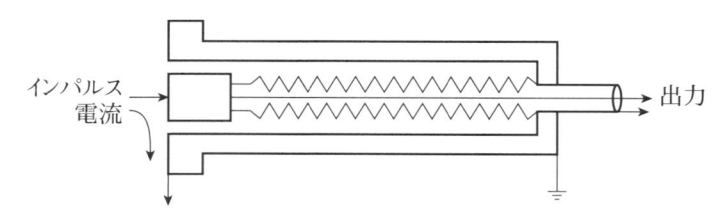

図 4.20　同軸分流器の構造

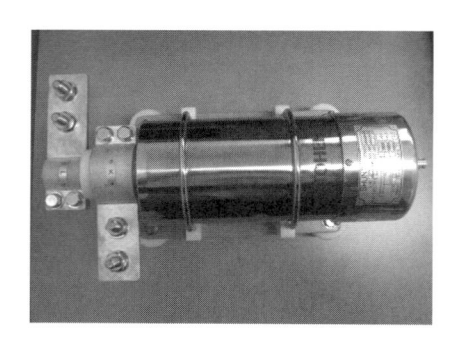

図 4.21　同軸分流器

高周波変流器（CT）は電流回路に直接接続する必要がないこと，電流回路と絶縁できることなどの利点をもっている．高周波変流器の構造は，**図 4.22** に示すように高周波用環状磁心の周囲に巻かれた二次巻線と，制動抵抗によって構成されている．被測定電流を一次電流として環状磁心の中心を流すことで二次巻線には一次電流と比例した誘導起電力が発生する．これを測定することによって電流を測定する仕組みである．高周波変流器には，感度（一次電流に対する二次出力

4-4 インパルス高電圧の測定

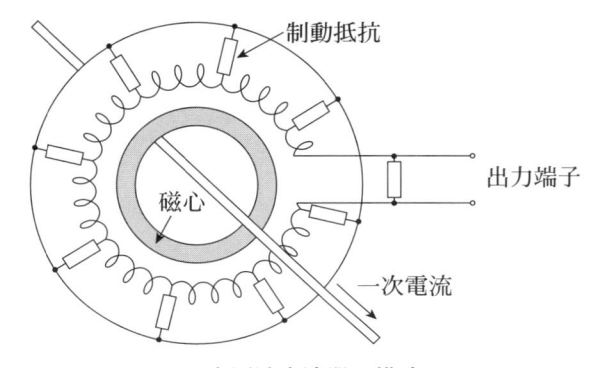

図 4.22 高周波変流器の構造

電圧の比），定格電流，定格 IT 積（測定電流と継続時間の積），立上り時間，ドループ（ステップ応答における波尾の低下率）などの特性があって，これらの定格値を注意して使用しなければいけない．しかし，電流回路と独立した回路を構築できるため，電流回路の接地点を気にせず測定回路を作ることが可能なため広く用いられている．実際の高周波変流器の例を**図 4.23** に示す．この高周波変流器は，Pearson Electronics 社製であり，その定格は次のとおりである．

- 感度：0.1 V/A，出力抵抗：50 Ω
- 最大ピーク電流：5 kA,
- 持続電流：65 A， ドループ率：0.8 %/ms,

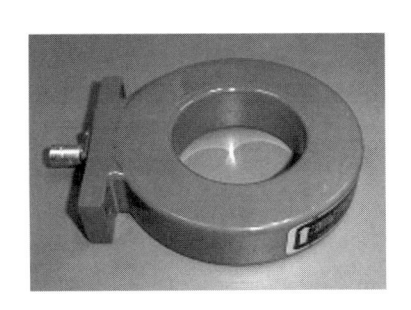

図 4.23 高周波変流器

第4章　高電圧の測定

・立上り時間：20 ns,　定格 IT 積：0.5 A·s,
・周波数範囲：1 Hz〜20 MHz
・温度範囲：0〜65 ℃

また**図 4.24** にこの高周波変流器を用いて測定を行った実測波形例を示す．測定対象は 1.7/8 impulse のスタンガン出力波形でピーク電流は約 5.6 A である．

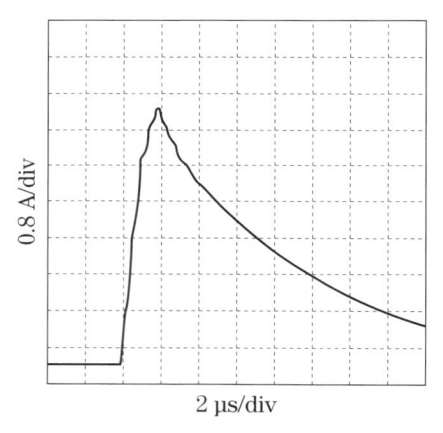

図 4.24　高周波変流器による測定波形の例

測定対象となるインパルス電流の大きさが数十〜数百 kA になる場合には，分流器や高周波変流器に代わって構造が比較的簡単なロゴウスキーコイルが用いられる．ロゴウスキーコイルは**図 4.25** に示すように高周波変流器と同様，測定電流を一次電流として，二次巻線に生じる誘導起電力を測定する原理の装置で，環状磁心をもたない構造となっている．ロゴウスキーコイルを用いた測定の応用例としては，送電線鉄塔に取り付けた落雷位置表示システムなどに用いられている．

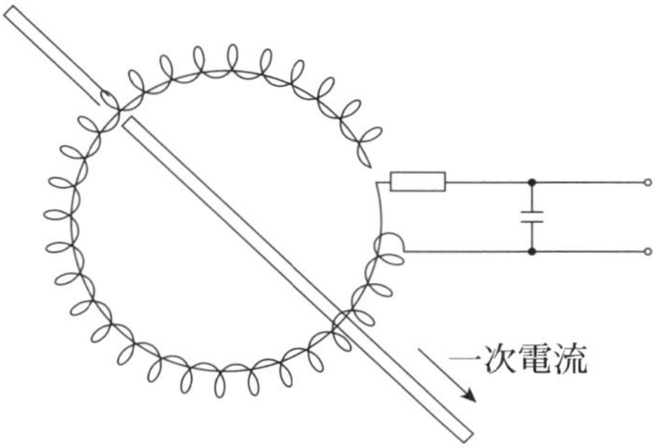

4-4 インパルス高電圧の測定

図 4.25　ロゴウスキーコイルの構造

第４章　高電圧の測定

章末問題 4

1 倍率器に高抵抗が用いられる理由について説明せよ．

2 リプル率を測定する方法について説明せよ．

3 50％スパークオーバ電圧について説明せよ．

第5章　高電圧試験

この章で学ぶこと

　本章では，電力機器に対して実施する高電圧試験の種類および内容について学ぶ．また，測定システムに対する性能評価試験およびその評価の根本となるトレーサビリティシステムや測定の不確かさについて学ぶ．

第5章　高電圧試験

5-1　高電圧試験の分類

　高電圧試験は電力機器やケーブルが使用中に十分な絶縁耐力を有することを確認する試験で，すでに1890年ごろのアメリカでは電力用変圧器に対して定格電圧の2倍の交流電圧を1分間印加して，絶縁耐力を確認する試験が行われていた．これをもとにして現在でも約2倍の過電圧を1分間印加して電力機器の絶縁耐力を確認する交流耐電圧試験が行われている．また，1910年代に入ると，送電線に対する雷サージの影響を最小限に抑えるためにがいしの個数を増やすなどして線路の絶縁が強化された．その結果，これまで送電線から鉄塔を伝って放電していた雷サージの逃げ場が失われることとなり，送電線の両端に接続された変圧器や遮断器が次々と雷サージの被害を受けるという事態に見舞われた．そのため，1920年ごろには重要な機器を雷害から守るため，高電圧系統全体で絶縁設計を行うといった絶縁協調の考え方が取り入れられるようになってきた．この絶縁協調の考えでは，送電線を直撃雷から防ぐための架空地線の敷設や，接地抵抗の低減，アーキングホーンならびに避雷器の導入などを行い，それぞれの機器がその重要度に応じて絶縁レベルを決定する．そのため，交流電圧に加えて雷サージのような過渡過電圧による試験の重要性が注目されるようになり，さらに近年の送電電圧の上昇に伴って開閉サージの問題も無視できなくなったことに伴って，雷および開閉インパルス電圧試験が導入されるようになった．さらにこれまでの1分間試験だけでなく，長時間電圧を印加し続けた際の経年劣化を想定して，部分放電試験も導入されるようになってきた．

　これら高電圧を用いた試験を大別すると，**表5.1**に示すように所定の高電圧を供試物である電力製品に印加して絶縁破壊が生じないことを確認する絶縁耐力試験と，絶縁破壊が生じない電圧を供試物に印加

5-1 高電圧試験の分類

表 5.1　高電圧試験の一覧

絶縁耐力試験	直流電圧試験	直流耐電圧試験
		直流破壊試験
	交流電圧試験	交流耐電圧試験
		長時間交流耐電圧試験
		注水交流耐電圧試験
		交流破壊試験
		人工汚損試験
	インパルス電圧試験	インパルス耐電圧試験
		50%スパークオーバ試験
		インパルス破壊電圧試験
		電圧－時間特性曲線試験
	インパルス電流試験	インパルス耐電流試験
		インパルス電流－電圧特性試験
絶縁特性試験	直流試験	絶縁抵抗試験
		直流吸収試験
	交流電流試験	
	部分放電試験	
	誘電正接試験	

して絶縁抵抗，部分放電の有無などを確認する絶縁特性試験の2種類に分類することができる．また，これらの試験に対して，**表 5.2** に示すように国際電気標準会議規格（IEC: International Electrotechnical Commission），日本工業規格（JIS: Japan Industrial Standard），電気規格調査会標準規格（JEC: The Japanese Electrotechnical Committee）などの国際ならびに国内規格が制定されていて，このなかで試験の実施方法が厳格に規定されている．

第5章　高電圧試験

表 5.2　高電圧試験の規格

IEC 60060-1 Ed.3.0:2010 IEC 60060-2 Ed.3.0:2010 IEC 60060-3 Ed.1.0:2006	High-voltage test techniques
IEC 60052 Ed.3.0:2002	Voltage measurement by means of standard air gaps
IEC 61083-1 Ed.2.0:2001 IEC 61083-2 Ed.2.0:2013	Instruments and software used for measurement in high-voltage impulse tests
IEC 60270 Ed.3.0:2000	High-voltage test techniques - Partial discharge measurements
IEC 61180-1 Ed.1.0:1992 IEC 61180-2 Ed.1.0:1994	High-voltage test techniques for low-voltage equipment
IEC 62475 Ed.1.0:2010	High-current test techniques - Definitions and requirements for test currents and measuring systems
JIS C 1001:2010	標準気中ギャップによる電圧測定方法
JEC-0201-1988	交流電圧絶縁試験
JEC-0202-1994	インパルス電圧・電流試験一般
JEC-213-1982	インパルス電圧電流測定法
JEC-0221-2007	インパルス電圧・電流試験用測定器に対する要求事項
JEC-0401-1990	部分放電測定
JEC-6148-2002	電気絶縁材料の絶縁抵抗試験方法通則

5-2　絶縁耐力試験

(1)　交流電圧絶縁耐力試験

　三相非接地系において1相短絡事故が起きた場合には健全相の対地電圧は$\sqrt{3}$倍にまで上昇する．そのためこの異常電圧に十分耐えることを確認する試験が必要である．交流電圧を用いた絶縁耐力試験はこの考え方に基づいた試験で，45〜65 Hz の商用周波電圧を用いて実施する試験である．変圧器などの誘導機器を試験する場合には 500 Hz

5-2 絶縁耐力試験

程度までが許容されている．試験電圧を印加する方法には以下の3種類が決められている．

・定電圧印加法（定印法）

最初に試験電圧と比較して十分低い電圧を印加して，できるかぎり早く電圧を試験電圧まで上昇した後，所定の時間連続印加し，時間が経過した後はできるだけ速やかに電圧を降下させる方法である．

・電圧上昇法（上昇法）

破壊放電電圧の予想値よりも十分に低い電圧から，所定の上昇率で電圧を上げていき，破壊放電させる試験方法である．

・突然印加法（突印法）

所定の試験電圧値を突然印加して所定の時間連続印加し，時間が経過した後はできるだけ速やかに電圧を降下させる方法である．

印加電圧の測定には，4-2項(1)に示した①計器用変圧器，②高電圧コンデンサおよび4-2項(2)に示した標準球ギャップを用いる．

交流電圧の絶縁耐力試験には，交流耐電圧試験，注水交流耐電圧試験，交流破壊電圧試験，人工汚損交流電圧試験などが規定されている．

① 交流耐電圧試験

供試物に所定の試験電圧を1分間印加して，破壊放電が生じないことを確認する試験である．試験電圧は**表5.3**に示すように，公称電圧に応じて規定されている．

② 注水交流耐電圧試験

降雨状態を想定してできるだけ細かい水滴を3 mm/minの注水量（JECの規定の場合．IEC規格では1.0～1.5 mm/min）で圧力一定で供試物全体に注水を行いながら供試物に所定の試験電圧を1分間または10秒間印加して，絶縁破壊が生じないことを確認する試験である．注水には100 ± 15 Ω·mの抵抗率をもつ水を用いて供試物の中央で鉛直方向に対して45度の角度で行い，注水量は垂直成分を測定する．

第5章 高電圧試験

表5.3 交流耐電圧試験の試験電圧値

公称電圧 (kV)	絶縁階級 (号)	商用周波 試験電圧 (kV)	公称電圧 (kV)	絶縁階級 (号)	商用周波 試験電圧 (kV)
3.3	3A	16	77	70	160
	3B	10		70S	
6.6	6A	22	110	100	230
	6B	16		100S	
11	10A	28	154,187	140	325
	10B			140S	
22	20A	50	220	170	395
	20B			170S	
	20S		275	200	460
33	30A	70		200S	
	30B		500	500L	750
	30S			500H	
66	60	140			
	60S				

また，供試物が1本の直立支持がいしのように長い場合には，上下2点など複数箇所で測定を行って，注水が供試物に対して一様かつ十分包含することを確認しなければならない．

③ 交流破壊電圧試験

供試物に対して交流絶縁破壊電圧を求める試験で，主に上昇法を用いて試験を行うほか，所定の段階で電圧を高めていく試験法もある．

④ 人工汚損交流電圧試験

がいしが海塩やセメント，石膏などによって受ける汚損の特性を求めるために行う試験が人工汚損交流電圧試験である．人工汚損交流電圧試験には定印霧中法と等価霧中法，塩霧法，珪藻土法などがある．JEC-0201規格では定印霧中法と等価霧中法が規定されているが，定

5-2 絶縁耐力試験

印霧中法では水，とのこおよび食塩の混合液（円汚損用）または水，とのこおよび石膏の混合液（石膏汚損用）を作成し，これをがいしに塗布したのちに十分乾燥させてこれを供試物とする．一定電圧を印加した後に霧（蒸気または温水）を発生させ，さらに1時間印加する試験を行う．4回試験してもフラッシオーバ（沿面放電）が生じなければその試験は合格とする．等価霧中法では，塩汚損用の汚損液をがいしに塗布して30秒から3分経過した後に，電圧を上昇法で印加してフラッシオーバ電圧を10回測定する．測定結果から50％および5％フラッシオーバ電圧を計算で求める．

(2) 直流電圧絶縁耐力試験

直流電圧試験は，直流用の機器や関連する電気工作物に対して，過電圧が印加されても絶縁物に対する損傷が生じないことや，長い年月の間，使用電圧に対して絶縁性能が低減しないことを確認する試験である．試験電圧は電圧変動率，リプル率ともに3％を超えない直流電圧であることが規定されている．試験電圧を印加する方法には，交流電圧の試験の項で述べた定印法，上昇法，突印法のほかに，極性反転電圧印加法（極性反転法）ならびに重畳電圧印加法（重畳法）などがある．極性反転法は，最初に所定の極性の試験電圧を所定時間印加した後に，すばやく逆の極性の所定の試験電圧を印加して所定の時間保持する試験方法である．重畳法は，所定の直流電圧を印加しているところにインパルス電圧を重畳させる試験方法である．

直流電圧の試験電圧の測定方法には，4-3項(2)に示した高抵抗，4-2項(1)④に示した静電電圧計および4-3項(3)に示した標準ギャップ（棒－棒ギャップ）を用いる．

① 直流耐電圧試験

供試物に所定の試験電圧を短時間印加して，破壊放電が生じないことを確認する試験である．試験電圧の印加時間が長い時間にわたる場

第5章　高電圧試験

合には，長時間直流耐電圧試験，注水状況下で実施する試験を注水直流耐電圧試験と呼ぶ．

② 直流破壊試験

供試物の直流破壊電圧を求める試験で，電圧印加法は上昇法のほかに，上に述べた種々の方法が採用される場合もある．

(3) インパルス電圧絶縁耐力試験

電力機器のインパルス電圧に対する絶縁強度を確認する試験がインパルス耐電圧試験である．インパルス電圧の測定は，4-4項(2)に示した球ギャップを用いる方法，4-4項(3)に示した分圧器を用いた測定システムを用いた方法などがある．

① インパルス耐電圧試験

供試物に所定の試験電圧を印加して，絶縁破壊を生じないことを確認する試験である．雷インパルス耐電圧試験で用いる試験電圧は**表5.4**に示すように機器の公称電圧によって規定されていて，正負極性のインパルス電圧を各3回印加して，絶縁破壊が生じなければ試験は合格である．

② 50％スパークオーバ試験

波形および波高値が同じインパルス電圧を多数回印加した際に，破壊放電する確率（スパークオーバ率）が50％となる電圧を求める試験のことを50％スパークオーバ電圧試験という．この試験は，4-4項(2)に示した標準球ギャップを用いた昇降法または補間法を用いる．補間法はスパークオーバ率が20％から80％の間で，スパークオーバ電圧がスパークオーバ率とほぼ直線的な関係になることを利用して50％スパークオーバ電圧を求める試験で，以下の手順で行う．

(a) 波形および波高値が同じインパルス電圧 V_m を10回以上供試物に印加してスパークオーバ率 m ％を求める．（$80 > m > 50$）

(b) 電圧を V_n に変えて10回以上供試物に印加してスパークオー

表 5.4　対地雷インパルス試験電圧値

公称電圧（kV）	試験電圧値（kV）	公称電圧（kV）	試験電圧値（kV）
3.3	30	110	450
	45		550
6.6	45	154	650
	60		750
11	75	187	650
	90		750
22	75	220	750
	100		900
	125	275	950
	150		1 050
33	150	500	1 300
	170		1 425
	200		1 550
66	250		1 800
	350	1 000	1 950
77	325		2 250
	400		

（出典）JEC-0102「試験電圧標準」(2010)

バ率 n ％を求める．（$50 > n > 20$）

（c）50 ％スパークオーバ電圧を以下の式から求める．

$$V_{50} = \frac{V_m(50-n) + V_n(m-50)}{m-n} \tag{5-1}$$

③　インパルス破壊電圧試験

供試物のインパルス破壊電圧を求める試験で，電圧印加法は上昇法を用いる．波形の種類だけではなく，電圧の上昇間隔，印加回数，印加頻度が破壊に影響を与えるため，これらの条件を絶縁破壊を起こした電圧値とともに記録する必要がある．

第 5 章　高電圧試験

④　電圧 – 時間特性曲線試験

　供試物が絶縁破壊する際には，印加電圧によって絶縁破壊する時間が異なる．絶縁破壊電圧を縦軸に，裁断までの時間を横軸にとったグラフを電圧－時間曲線（V–t 曲線）と呼ぶ．試験方法は雷インパルス電圧と開閉インパルスを用いる場合とでは異なる．雷インパルス電圧を用いる場合には，同一波形のインパルスで 5 点以上波高値を変化させて裁断までの時間を記録する．その結果，波高値が高い場合には裁断に至る時間は早く，波高値が低い場合には裁断までの時間は長くなる．**図 5.1** に雷インパルス電圧の電圧－時間曲線の例を示す．

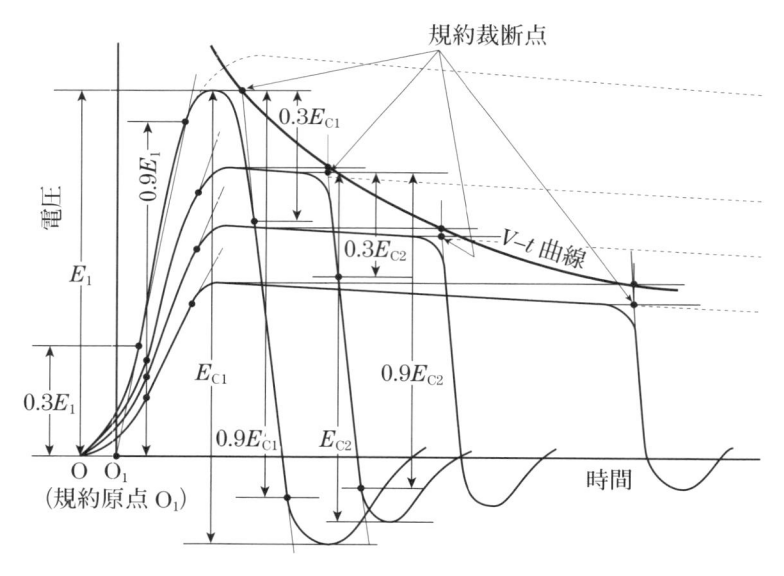

図 5.1　雷インパルス電圧－時間曲線
（出典）JEC-0202「インパルス電圧・電流試験一般」(1994)

　開閉インパルス電圧を用いる場合には，3 種類以上の波頭長をもつ波形を用いて試験を行う．**図 5.2** に開閉インパルスの電圧－時間曲線の例を示す．

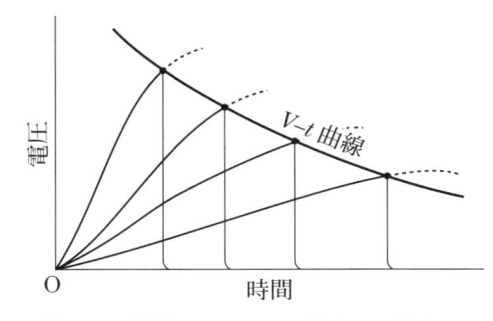

図 5.2　開閉インパルス電圧－時間曲線
（出典）JEC-0202「インパルス電圧・電流試験一般」(1994)

　また，開閉インパルス電圧の場合で，50％スパークオーバ電圧と波高値までの時間 T_p との関係をプロットしたものを，開閉インパルス電圧－波頭長曲線という．この曲線は図 5.3 に示すように下に凸の曲線を描くが，50％スパークオーバ電圧の最低値に対応する波高値までの時間は臨界波頭長と呼ばれる．

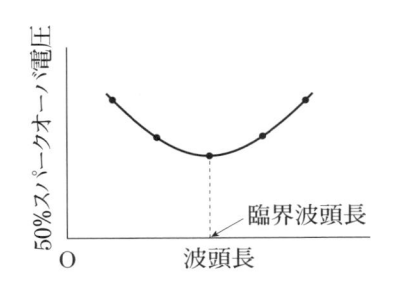

図 5.3　開閉インパルス電圧－波頭長曲線
（出典）JEC-0202「インパルス電圧・電流試験一般」(1994)

第5章　高電圧試験

5-3　絶縁特性試験

(1)　絶縁特性試験の概要

供試物に対して吸湿状態，部分放電の発生の有無やその状況ならびに絶縁の劣化状態などの絶縁特性を確認するために実施する試験が絶縁特性試験である．絶縁特性試験は絶縁に影響を及ぼさない範囲の電圧を供試物に印加して行う試験で，直流を用いた絶縁抵抗試験，交流を用いた部分放電試験や誘電正接試験などがある．

(2)　直流電圧試験（絶縁抵抗試験）

供試物に1 000 Vから2 000 V程度の直流電圧を印加して，そこに流れる電流から絶縁抵抗を求める試験である．絶縁抵抗計（メガー）と呼ばれる機器を用いて絶縁抵抗を図る方法が簡易的に用いられる．JEC規格では絶縁抵抗を測定する方法として，電圧電流計法と比較法を規定している．

電圧電流計法は図 **5.4** に示すように電極間に試料を挟み，電圧計および電流計を用いて抵抗を測定する方法である．電極は2-4項(1)で述べたように主電極のほかに対電極および測定の品質を向上させるためのガード電極を設けた構成で成り立っている．主電極と対電極は試料を挟んで相対させ，主電極の周りをガード電極で囲んでいる．比較法は，

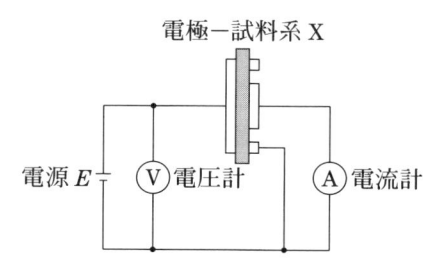

図 **5.4** 電圧電流計法
（出典）JEC-6148「電気絶縁材料の絶縁抵抗試験方法通則」(2002)

試料の絶縁抵抗を既知の標準抵抗と比較して求める方法で図 5.5 に示すような 3 種類の回路がある．(a)は 1 台の電源を用いて同一の電圧を供試物と標準抵抗にそれぞれ印加したときの電流を測定して，その比から抵抗値を求める方法である．(b)の回路は 2 台の電源を用いる方法で，電流計を流れる電流が 0 になるときの電圧と標準抵抗の値から抵抗を求める方法である．(c)の回路はいわゆるホイートストンブリッジによって抵抗を求める方法である．

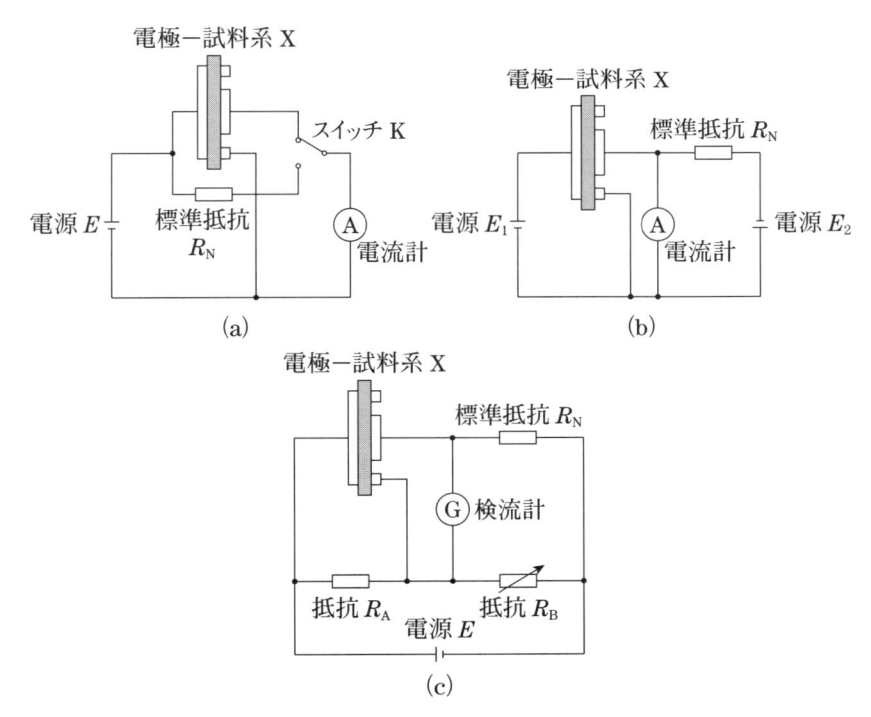

図 5.5 比較法
(出典) JEC-6148「電気絶縁材料の絶縁抵抗試験方法通則」(2002)

(3) 直流吸収試験

絶縁体の乾燥具合を評価するために行う試験である．2-4 項(1)で述

第5章 高電圧試験

べたように，固体絶縁物に電圧を印加すると充電電流や吸収電流が流れる．これらの電流は指数関数的に減少していき，最後には一定値で安定する．これを漏れ電流という．吸収電流は数分から数十分の現象のため，絶縁抵抗を求めるためには電圧印加後に十分長い時間をとる必要がある．直流吸湿試験は電圧印加後1分および10分の電流を測定して，式(5-2)で示される成極指数（P.I., polarization index）を算出して絶縁診断を行う．

$$\text{P.I.} = \frac{\text{電圧印加後 1 分の電流}}{\text{電圧印加後 10 分の電流}} \tag{5-2}$$

(4) 部分放電試験

絶縁体のなかにボイドがある場合には，絶縁耐力が低く不正放電が起こる場合がある．このような導体間の絶縁を部分的に橋絡するような放電のことを部分放電（partial discharge）と呼ぶ．部分放電を表現する方法には，電荷量（pQ：ピコクーロン）や発生頻度を用いる．また部分放電のうち，導体周囲の気体中で発生する部分放電を特にコロナ放電と呼んで区別している．

いま，図5.6のようにボイドをもつ絶縁体を電極で挟み，両端に電圧V_tを印加したときを考える．ボイドのキャパシタンスをC_g，それと直列な部分のキャパシタンスをC_b，ボイドがない部分のキャパシ

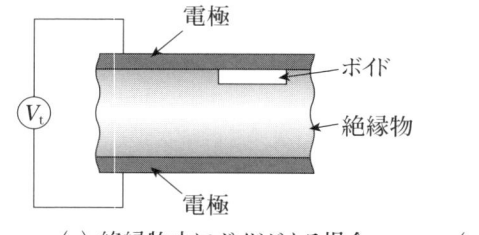

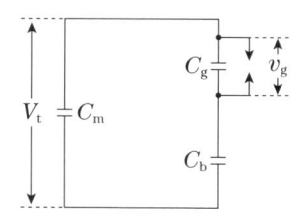

(a) 絶縁物中にボイドがある場合　　(b) 電極系の電気的等価回路

図5.6 部分放電の等価回路
（出典）JEC-0401「部分放電測定」(1990)

タンスを C_m とするとき，全体のキャパシタンス C_a は，

$$C_\mathrm{a} = C_\mathrm{m} + \frac{C_\mathrm{g} C_\mathrm{b}}{C_\mathrm{g} + C_\mathrm{b}} \tag{5-3}$$

で表される．また，C_g 端からみた合成キャパシタンスを C_gr とするとき，

$$C_\mathrm{gr} \fallingdotseq C_\mathrm{g} + \frac{C_\mathrm{m} C_\mathrm{b}}{C_\mathrm{m} + C_\mathrm{b}} \tag{5-4}$$

さらに，ボイド部にかかる電圧 v_g は，

$$v_\mathrm{g} = \frac{C_\mathrm{b}}{C_\mathrm{g} + C_\mathrm{b}} V_\mathrm{t} \tag{5-5}$$

となる．ここで電圧 V_t が上昇して C_g の火花電圧に達した際には，ボイド部分で破壊放電が起こり，v_g は残留電圧 v_p まで急激に低下する．電圧の低下によって放電も終了するが，再びボイドの電圧は上昇し，C_g の火花電圧に達した際に再び放電が発生する．この過程を繰り返して，図 **5.7** に示すような部分放電が発生する．いま，このパルスによる放電電荷量を $Q(t)$ とすると，ボイド部にかかる電圧 $v_\mathrm{g}(t)$ は，

$$v_\mathrm{g}(t) = v_\mathrm{p} - \frac{1}{C_\mathrm{gr}} Q(t) \tag{5-6}$$

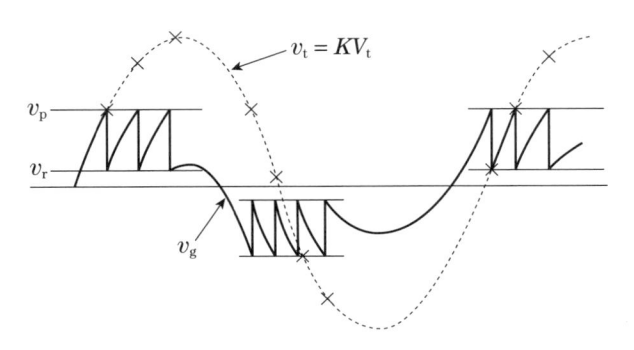

図 **5.7** 一つのボイドによる部分放電電圧の変化
（出典）JEC-0401「部分放電測定」(1990)

で表すことができる．さらにここから，

$$Q(t) = C_{gr}\{v_p - v_g(t)\} \tag{5-7}$$

が得られる．ここで $v_g(\infty) = v_r$ であり，この値はほとんどの場合 0 になる．またボイドは絶縁体の厚さと比較して極めて小さいため $C_g \gg C_b$ となることから，放電電荷 $q_r = Q(\infty)$ は，

$$q_r = C_{gr}(v_p - v_r) = C_g \cdot v_p \tag{5-8}$$

となる．

さらにこの放電によって電極間の電圧が変化するが，この電圧変化を ΔV とするとき，図 5.6 から，

$$\Delta V = \frac{C_b}{C_m + C_b}(v_p - v_r) \tag{5-9}$$

となる．また，式 (5-4)，式 (5-8) より，

$$q_r = \left(C_g + \frac{C_m C_b}{C_m + C_b}\right)(v_p - v_r) \tag{5-10}$$

となるので，これを代入すると，

$$\Delta V = \frac{C_b q_r}{C_g C_m + C_g C_b + C_b C_m} \tag{5-11}$$

が得られ，ここで電荷量 q を以下のとおり定義すると，

$$q = \frac{C_b}{C_g + C_b} \cdot q_r \tag{5-12}$$

$$\Delta V = \frac{(C_g + C_b)q}{C_g C_m + C_g C_b + C_b C_m} = \frac{q}{C_a} \tag{5-13}$$

となる．この q は見かけの放電電荷量と呼ばれ，ΔV と C_a の測定から求めることができる．

図 **5.8** は部分放電試験の試験回路である．C_a は供試物，Z_d は検出インピーダンスを示す．検出インピーダンスは抵抗，キャパシタンスまたはインダクタンス単体もしくはそれらを組み合わせて用いられる．

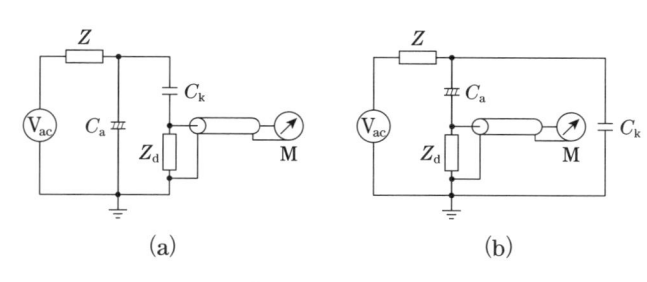

図 5.8 部分放電試験の試験回路
（出典）JEC-0401「部分放電測定」(1990)

Z は電源からのノイズ流入や電源への部分放電流入を防止する目的で接続するインピーダンスまたはフィルタである．C_k は結合コンデンサで，(a)の回路では検出インピーダンスを結合コンデンサと接地間に接続して測定を行い，また(b)の回路では部分放電パルスが結合コンデンサを流れる際の信号を供試物と接地間に検出インピーダンスを接続して測定を行う．部分放電試験で評価する項目は，①部分放電開始電圧および消滅電圧を測定する試験，②印加電圧と印加時間に対する部分放電電圧の大きさを測定する試験，および③部分放電が発生しないことを確認する試験，などがある．

(5) **誘電正接試験**

電気機器は電極間を絶縁物で絶縁しているため，一種のコンデンサとみなすことができる．コンデンサに交流電圧を印加した場合，$\frac{\pi}{2}$ rad 位相が進んだ電流が流れる．そのためこの機器に交流電圧を印加した場合には，**図 5.9** に示すように $\frac{\pi}{2}$ rad 位相が進んだ充電電流 I_C と，電圧と同相の絶縁体中を流れる電流 I_R が流れる．これは絶縁体中で電力が消費されることであり，全電流 I と I_C の位相角を δ とすると，誘電体損 W の大きさは，

$$W = E \cdot I \cos\phi = E \cdot I \tan\delta = E \cdot 2\pi f C E \tan\delta = \omega C E^2 \tan\delta$$

(5-14)

第 5 章　高電圧試験

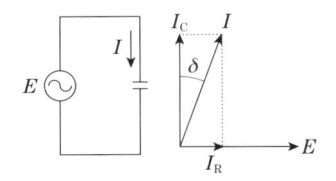

図 5.9　コンデンサの電圧と電流

で表される．ここで $\tan \delta$ を誘電正接（単純にタンジェントデルタまたはタンデルタと呼ぶこともある）という．誘電正接は絶縁体の電気的な性質を示す量で，絶縁体の形状や大きさには無関係であり，この値を測定することにより絶縁の状態を知ることができるため，広く用いられている．誘電正接の値は，シェーリングブリッジを用いて測定される．シェーリングブリッジの基本回路を**図 5.10** に示す．

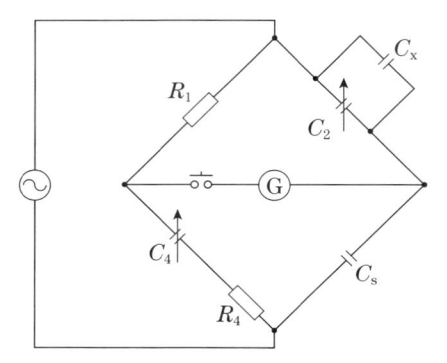

C_x：供試物，　C_s：標準コンデンサ，　G：検流計
図 5.10　誘電正接試験の試験回路

いま，供試物を接続しない状態で C_2 および C_4 を変化させて平衡状態に調節する．つぎに供試物 C_x を接続し，再度コンデンサを変化させて平衡状態にした時のそれぞれの値を C_2' および C_4' とするとき，供試物の静電容量 C_x ならびに並列抵抗 R_4 は次式

$$C_x = C_2 - C_2'$$

$$R_4 = \frac{R_1}{C_\mathrm{s}\left(\dfrac{1}{C_4{'}} - \dfrac{1}{C_4}\right)}$$

から求めることができる.

5-4　測定システムの性能試験

(1) 性能試験の概要

　高電圧機器の試験時に用いる測定システムは，その性能を保証するためにあらかじめパラメータが既知の波形を用いて校正しなければならない．IEC 規格では校正を行うために必要な試験の方法について詳細に規定しているが，この試験を性能試験という．本節では，高電圧測定システムに必要な性能試験についてその内容を説明する．また，性能を表すための「不確かさ」や，「トレーサビリティ」，そして測定システムをもつ試験所の認定制度についても説明する．

(2) 測定の不確かさとトレーサビリティ

　測定値の信頼性を表す語句として，従来は "精度" や "誤差" が用いられてきた．しかしこれらの用語を用いる際には前提条件として，"真の値" が明確になっている必要がある．しかしながら測定機器は測定限界をもっていることから "真の値" を示すことはできない．たとえば，100.000 V（5.5 桁）が測定できる電圧計を考える．この電圧計の測定範囲は 0.000 V～±100.000 V で，測定限界は 1 mV となる．ある電圧を測定して，その表示値が 12.345 V であったとき，真の値は 12.3445 V から 12.3454 V の範囲に存在することになり，真の値はわからない．何桁の電圧計を用いた場合でも，同じように次の桁の測定はできないため真の値はわからない．

　そこで，測定値の信頼性を表現する方法として "一定の範囲内に真

第5章　高電圧試験

の値が存在することを証明し得る値"を用いる考え方が一般的になりつつある．これは「測定の不確かさ」という用語で呼ばれていて，限界範囲内に真値が存在する確率（信頼水準）とともに表現する．信頼水準は，一般には95％信頼水準が用いられているが，特に高信頼性が必要である場合には99％信頼水準が用いられることがある．また95％信頼水準を2σ，99％信頼水準を3σということもある．

　国際標準化や国際整合性の流れを受けて計量標準をもつ分野の測定値の信頼性は，ほぼ「不確かさ」の用語が定着している．

　またトレーサビリティとは「不確かさが明示された切れ目のない比較の連鎖で，国家または国際標準に結び付けられる計測の特性」と定義されている．つまり，一般の高電圧試験に用いる測定システムを校正する際には，「測定の不確かさ」の値をもっている校正機関で校正を行い，測定システムの「測定の不確かさ」を評価しなければならない．またその校正機関も，上位校正機関で校正を行って，「測定の不確かさ」を評価し，校正の最高位である国家または国家標準にまで校正がつながっている必要がある．これをトレーサビリティという．また，各国の国家標準どうしもお互いに比較しあって，お互いのもつ測定システムの性能が同等であることを確認する．これをコンパチビリティ（国際同等性）という．

　トレーサビリティを確立するために，高電圧測定システムには3段階の測定システムがある．認可測定システム（AMS）は一般の高電圧試験所で試験に使用される測定システムである．認可測定システムを校正するための測定システムが基準測定システム（RMS）であり，通常は校正試験所がこれを保有している．そしてRMS基準測定系を校正する測定システムが国家標準測定システム（NS）である．このように，上位から下位までの各測定システムが校正の連鎖で結び付けられており，かつ不確かさを明示された場合に「トレーサビリティ」

が確立しているという．

　基準および認可測定システムに対する要求事項については，IEC 60060-2 で，また国家標準測定システムについては，STL ガイド (1999)「高電圧測定系の国家標準へのトレーサビリティ確保のためのガイド」で**表 5.5** に示すように規定されている．

表 5.5　測定システムに対する測定の不確かさの要求事項

測定対象		要求不確かさ（%） 測定系のレベル		
		国家標準	基準	認可
直流高電圧	V_m	0.3	1	3
	ripple	1	3	10
交流高電圧	V_m	0.3	1	3
全波雷インパルス電圧	V_p	0.5	1	3
	T_1, T_2	2.5	5	10
開閉インパルス電圧	V_p	0.5	1	3
	T_p, T_2	2.5	5	10

(3) 性能試験

　認可測定システムは，性能試験と呼ばれる校正によって指定スケールファクタの値とその不確かさが決められる．性能試験は少なくとも 5 年に 1 度は実施して指定スケールファクタの値を決定しなければならない．以下に，性能試験の種類とその方法および実際の試験をインパルス電圧・電流試験を例にあげて示す．

(a) 指定スケールファクタ決定試験

　指定スケールファクタとは，上位測定システム（参照測定システムという）と並列に接続（インパルス電流測定システムの場合は直列に接続）した測定システムに電圧（または電流）を 10 回以上印加して，参照測定システムの測定値の平均値と等しくなるように被校正測定シ

第5章　高電圧試験

ステムのスケールファクタの値を決定する試験である．一般にこの試験を比較校正試験（または比較試験）という．

インパルス電圧の比較試験は，**図 5.11** に示すような試験回路で実施する．図中の回路定数は標準雷インパルス電圧（1.2/50 impulse）を出力するための一例で，この回路の出力に基準分圧器と供試分圧器を並列に接続しておき，インパルス電圧を 10 回以上印加してそれぞれの測定システムで波形パラメータを測定する．**表 5.6** はわが国の国家標準級測定システムと基準測定システムとの間で実施した 500 kV 雷インパルス電圧を用いた比較試験結果である．供試測定システムでの波高値の読みを V_{Ti}（$i = 1, 2, \cdots\cdots, 10$），参照測定システムでの波高値の読みを V_{Ri}（$i = 1, 2, \cdots\cdots, 10$）とすると，その比 V_{Ti}/V_{Ri} を計算してスケールファクタ F_i を求める．スケールファクタの平均値と供試分圧器に用いた初期スケールファクタを乗じた値が指定スケールファクタになる．またスケールファクタの標準偏差は，測定の不確かさを算出する際に不確かさ寄与成分として用いる．

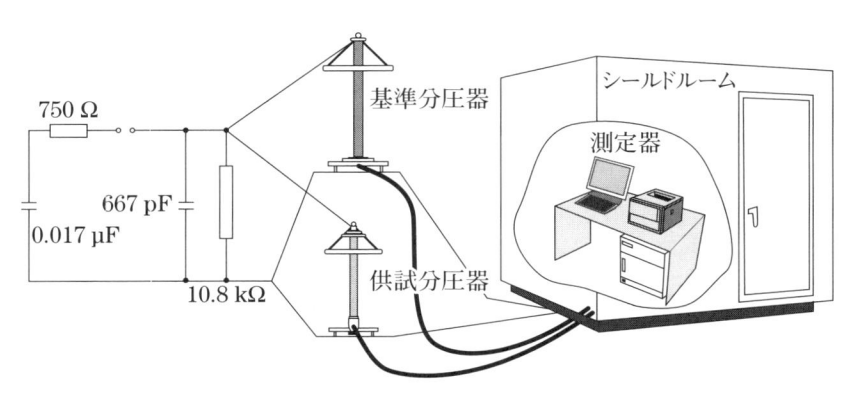

図 5.11　インパルス電圧測定システムの比較試験回路

また，インパルス電流の比較試験は，**図 5.12** に示すような試験回路で実施する．分流器 A と分流器 B を接地点について対称に配置して，

5-4 測定システムの性能試験

表 5.6 インパルス電圧測定システムの比較試験結果例

回数	V_{Ti} 〔kV〕	V_{Ri} 〔kV〕	F_i
1	499.51	502.24	0.99456
2	499.26	502.63	0.99330
3	499.47	502.45	0.99407
4	499.42	502.88	0.99312
5	499.54	502.60	0.99391
6	499.46	502.45	0.99405
7	499.35	502.15	0.99442
8	499.37	501.96	0.99484
9	499.12	502.35	0.99357
10	499.42	502.43	0.99401
平均	499.39	502.41	0.99399
標準偏差	0.13	0.26	0.00

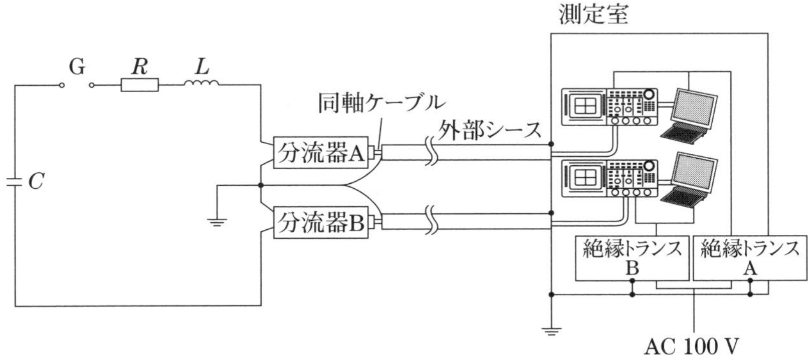

図 5.12 分流器を接地点について対称に配置した比較試験回路

それぞれ同軸ケーブルで測定室に設置されたレコーダに接続する．それぞれのレコーダは独立した絶縁トランスを用いて電源を供給するとともに，筐体接地は行ってはいけない．レコーダに接続するパソコンも同様に接地してはいけない．また，分流器と高周波変流器またはロゴウスキーコイルとの間で比較試験を行う場合には図 5.13 に示す試

第 5 章　高電圧試験

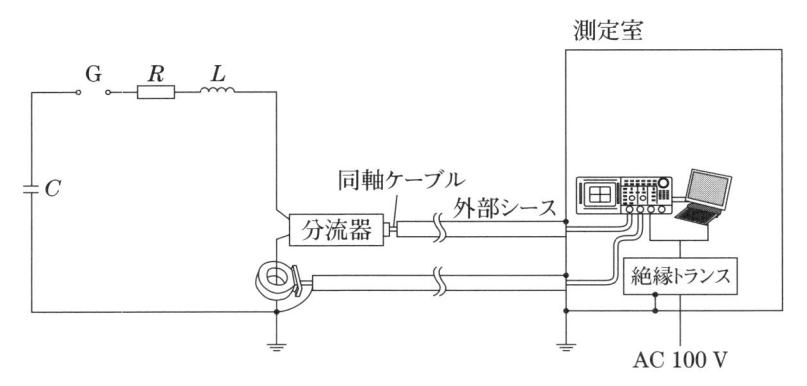

図 5.13　分流器と高周波変流器またはロゴウスキーコイル間の比較試験回路

験回路を用いる．インパルス電流を最低 10 回印加して試験を実施する．各印加においてそれぞれの波形パラメータのスケールファクタを求め，それらの平均値と標準偏差を算出して指定スケールファクタを決定する．**表 5.7** は 8/20 impulse current の波形を用いて実施した 10 kA レ

表 5.7　インパルス電流測定システムの比較試験結果例

回数	I_{Ti}〔kA〕	I_{Ri}〔kA〕	F_i
1	10.483	10.53	0.996
2	10.472	10.52	0.995
3	10.467	10.53	0.994
4	10.456	10.53	0.993
5	10.461	10.52	0.994
6	10.449	10.52	0.993
7	10.462	10.52	0.994
8	10.449	10.53	0.992
9	10.460	10.53	0.993
10	10.465	10.52	0.995
平均	10.462	10.53	0.994
標準偏差	0.10 %	0.05 %	0.11 %

ベルの比較試験結果の例である．雷インパルス電圧と同様の手順でスケールファクタおよび標準偏差を求める．

(b) **直線性試験**

測定システムの動作範囲内でスケールファクタが所定の変動範囲以内にあることを確認する試験を直線性試験という．直線性試験は測定システムの最小，最大電圧を含む均等な5点の電圧値において，(a)で述べた測定システムのスケールファクタの測定試験を行う．これら5点のスケールファクタをスケールファクタの平均値から差をとって非直線性を求める．図 **5.14** にその概念を示すが，偏差 δ のうち，最も大きい偏差を測定の不確かさを算出する際に不確かさ寄与成分として用いる．

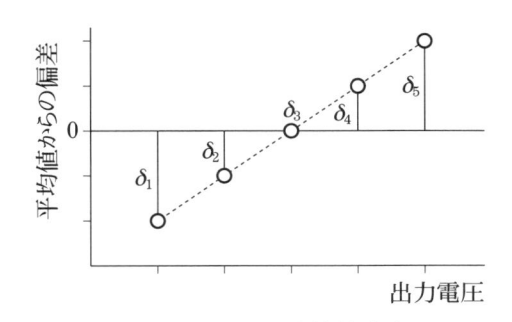

図 **5.14** 直線性試験

インパルス電流測定システムの場合，分流器を流れるインパルス電流によって上昇する温度の大きさを計算から求めて，抵抗の変化から直線性を推定する方法も有効とされている．温度上昇の計算は次式で求めることができる．

$$\Delta t = \frac{W}{MS} \tag{5-15}$$

ここで Δt：抵抗体の温度上昇 W：分流器抵抗中に生じる熱エネルギー，M：抵抗材料の質量，S：抵抗の比熱

第 5 章　高電圧試験

図 **5.15** に示す回路で 8/20 impulse current, 20 kA のインパルス電流を印加する場合には，インパルス電流の発生波形は次式で表すことができる．

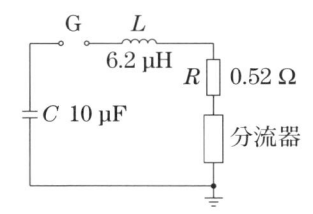

図 5.15　標準インパルス電流発生回路（8/20 impulse current）

$$i(t) = \frac{\sqrt{C/L}}{1-\alpha^2} EC \cdot e^{-\frac{\alpha}{\sqrt{LC}}t} \sin\left(\frac{\sqrt{1-\alpha^2}}{\sqrt{LC}}t\right) \tag{5-16}$$

ここで E は充電電圧で，20 kA を発生するためには，$E = 24.25$ kV になる．一例として分流器のスペックが，$R_s = 9.363$ mΩ, $M = 75.73 \times 10^{-3}$ kg, $S = 435$ J/(kg·K) であるとき，分流器抵抗中に生じる熱エネルギー W は

$$w = \int_0^\infty \{i(t)^2\} R_s \mathrm{d}t \tag{5-17}$$

から求められ，これを計算すると $W = 47.2$ J が得られる．したがって温度上昇 Δt は，

$$\Delta t = \frac{47.2}{4.5 \times 75.73 \times 10^{-3}} = 1.43 \text{ K} \tag{5-18}$$

となる．分流器に用いられている材質を，カーマロイ線とすると，**表 5.8** から温度係数は 20 ppm/℃ が得られるため，十分な直線性が認められることがわかる．

表 5.8　分流器に用いられる金属抵抗線の特性

	比熱（cal/g）	温度係数 (ppm/℃)	抵抗率（Ω/m） φ0.2	φ0.16
マンガニン	0.097	±10	14.01	21.9
カーマロイ	0.104	±20	42.3	66.1

(c)　**動特性試験**

　動特性試験は，測定システムの異なる周波数特性に対する応答を確認する試験で，通常の高電圧試験に使用する状態下で試験される．基準方法は振幅／周波数応答特性試験，またはインパルス電圧測定システムの場合には，ノミナルエポックの上下端での比較試験が用いられ，それに加えてステップレスポンス試験も規定されている．

　ノミナルエポック（公称測定時間幅）とは，インパルス電圧測定システムが測定可能な波頭長の範囲のことを指し，測定システムの製造者が設計時にそれを決定する．一般的な値としては，標準雷インパルス電圧の波頭長 1.2 μs とその裕度 ±30 ％ を考えた，0.84 μs から 1.56 μs の範囲がノミナルエポックとして多く用いられている．

　インパルス電圧測定システムの振幅／周波数応答試験の一例を示す．ここでは供試分圧器を 20 ℃，60 ％ に調整した恒温・恒湿室に設置し，分圧器頂部に AC 電圧（100 V）を印加して，周波数を 10 Hz から 100 kHz まで変化させ，印加電圧と分圧器の低圧部出力電圧を測定している．測定結果を**図 5.16**に示す．

　また，ステップレスポンス試験は，古くから分圧器や測定器の特性を評価する試験として用いられてきた試験である．ステップレスポンス波形と 4.4.3 で述べたパラメータとが記録される．試験の方法は，**図 5.17**に示すように幅 1 m の銅板を垂直に配置した垂直銅板に，ステップ発生器を取り付け，そこからステップ電圧を発生する．ステッ

第 5 章 高電圧試験

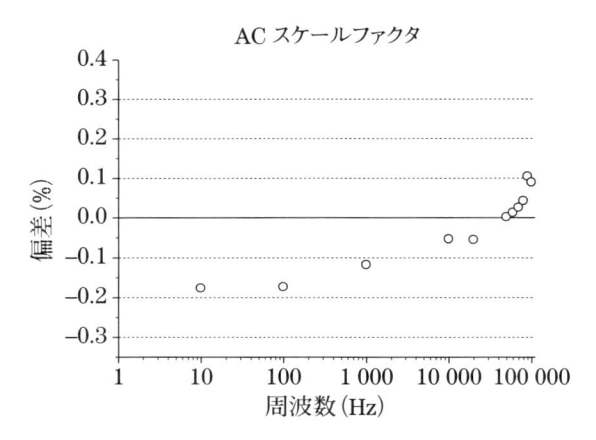

図 5.16 インパルス電圧測定システムの振幅／周波数応答試験結果例

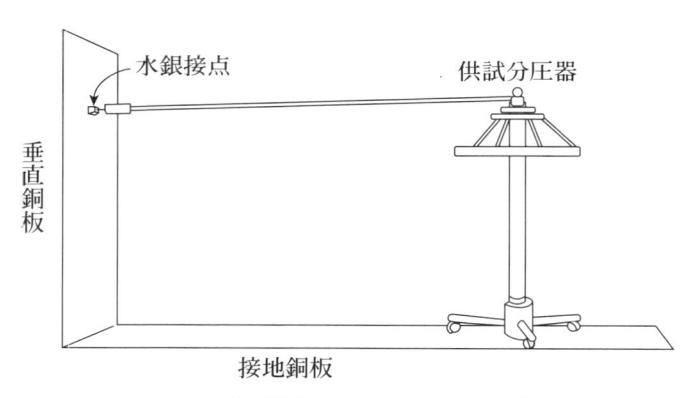

図 5.17 インパルス電圧測定システムのステップレスポンス試験

プ電圧の一般的な発生回路は**図 5.18** に示すように充電抵抗 R_1 を介して供試物に印加しておいた直流電圧を，水銀接点のような高速に作動するスイッチで接地して立下りのステップを生じさせる．この試験の例では出力電圧 300 V，立下り時間（10〜90 % 間の時間）が 1 ns 未満のステップ電圧が得られている．また，雷インパルス電圧用国家標準級測定システムのステップレスポンス波形を**図 5.19** に，ステップレスポンスパラメータを**表 5.9** に示す．

5-4 測定システムの性能試験

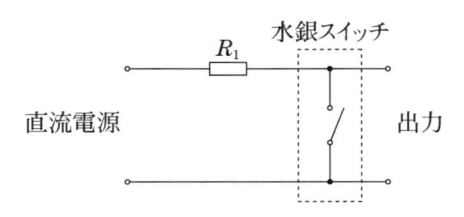

図 5.18 ステップ電圧発生回路

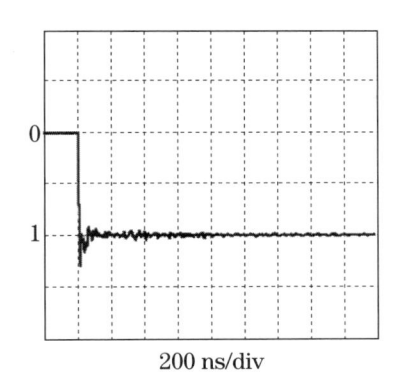

200 ns/div

図 5.19 ステップレスポンス波形

表 5.9 ステップレスポンスパラメータ

	分圧器	分流器
応答時間 T_N [ns]	−0.11	−2.0
部分応答時間 T_α [ns]	2.57	12.2
安定時間 t_s [ns]	102	241
オーバシュート β [%]	32.2	3.8

インパルス電流測定システムのステップレスポンス試験に図 5.16 の回路を用いると，同軸分流器の抵抗値の大きさから大きな電源容量が必要になるため，**図 5.20** に示す回路のように，立上りのステップ電圧を発生して試験を行う．

充電電圧 300 V を 500 m の同軸ケーブルに充電して，球ギャップ

第 5 章　高電圧試験

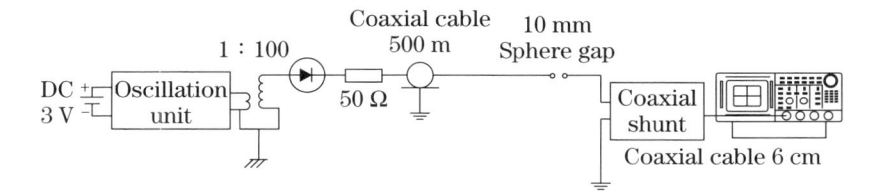

図 5.20　ステップ電流発生回路の例

スイッチをオンにすると，図 5.21 に示すようなステップ電流が得られる．そして，この電流を同軸分流器に接続したときの分流器出力端に生じるステップレスポンス波形を図 5.22 に，ステップパラメータを表 5.9 に示す．

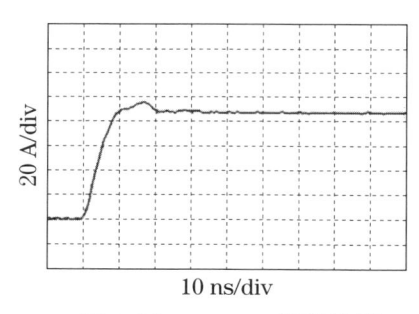

図 5.21　ステップ電流波形

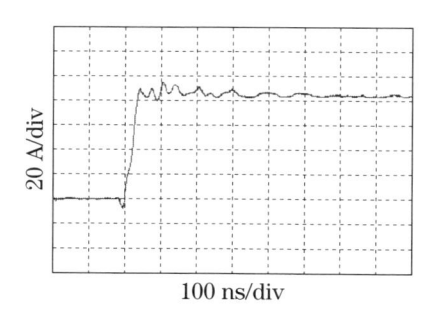

図 5.22　インパルス電流測定システムのステップ応答波形の例

5-4 測定システムの性能試験

(d) 短期安定性試験

高電圧試験の実施前後で測定システムのスケールファクタの値に変化がないことを確認する試験が短期安定性試験である．スケールファクタの測定は，測定システムの入力に電圧を印加して，同時に出力値を測定してそれらの比から算出する方法，ブリッジを用いて測定する方法および，測定システムのインピーダンスの測定値から求める方法がある．

(e) 長期安定性試験

測定システムのスケールファクタは，試験の前後はもちろん，数年にわたっても一定であることが必要である．そのため，抵抗値を定期的に測定して，測定の不確かさに与える影響要因を評価する必要がある．この目的のために測定システムのスケールファクタを測定する試験を長期安定性試験という．

(f) 温度特性試験

標準分圧器・分流器に用いられる抵抗体は，表5.8に示すようなマンガニン線などの抵抗温度係数が良好な材料が用いられている．しかし，一般の測定システムには周囲温度によってスケールファクタの値が異なる特性をもっている．その特性を確認するために，使用環境の温度変化に対応したスケールファクタを測定する試験を温度特性試験という．表5.10は標準インパルス測定システムの温度特性試験の結果である．相対湿度を70%一定にして，周囲温度を10℃から40℃まで変化さ

表5.10 温度特性試験結果の例

気温（℃）	10	15	20	25	30	35	40
スケールファクタ	953.34	953.35	953.36	953.36	953.39	953.38	953.38
平均からの偏差（%）	−0.003	−0.002	−0.001	−0.001	0.003	0.001	0.001

第 5 章 高電圧試験

せたときのスケールファクタを測定したときの測定結果である．

(g) **近接効果試験**

測定システムのスケールファクタが，近接物によって変化する場合がある．この影響の大きさを確認する試験が近接効果試験である．分圧器が抵抗分圧器の場合にはスケールファクタの変化はほとんどないが，容量分圧器の場合には近接物体との間に生じる静電容量の影響がスケールファクタに影響を与える．

(h) **干渉試験**

高電圧試験では，その試験中に放電現象が生じる場合がある．また，その放電現象に起因するノイズが電磁波として測定システムに重畳して，測定結果に影響を与えることがある．この影響の大きさを確認する試験が干渉試験である．

干渉試験は，変換装置の低圧部を短絡して測定システムに高電圧を印加したときに測定される信号のレベルを評価する．図 **5.23** は，図 5.11 の回路において，供試分圧器の低圧部を短絡したときの両測定システムの測定波形である．上側の全波雷インパルス電圧波形が基準測定システムの測定波形で，下側の波形が供試測定システムの測定波

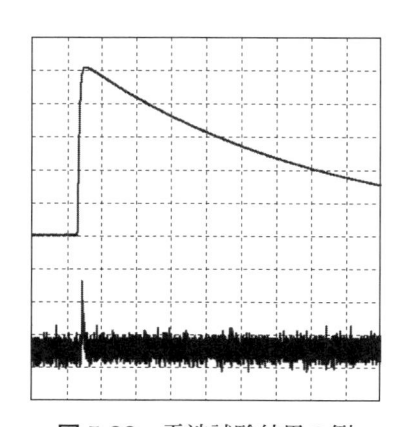

図 **5.23** 干渉試験結果の例

形である．この試験結果の例では，干渉レベルは最大 0.18 % であることがわかる．

(i) **ソフトウェア試験**

インパルス電圧などの波形パラメータは，測定器に接続されたコンピュータに組み込まれた波形解析ソフトウェアによって計算される．波形パラメータの計算結果が正しい値を示していることを確認する試験がソフトウェア試験である．ソフトウェア試験は「試験データ発生器（Test data generator：TDG）」と呼ばれるアプリケーションソフトウェアから生成される波形パラメータが既知の模擬測定データを波形解析ソフトウェアに計算させて，算出結果が所定の裕度以内にあることを確認する試験である．現在はインパルス電圧用 TDG が IEC 61083-2 として制定されている．

(4) **性能点検**

性能試験は少なくとも5年に1度実施するが，その間に測定システムの性能が変動していないことを確認する必要がある．これを性能点検といい，1年に1回以上行わなければならない．実施する内容は，直流および交流電圧測定システムの場合，スケールファクタのチェックが，また，インパルス電圧測定システムの場合には，スケールファクタのチェックのほかに，動特性と干渉試験を行うように規定されている．動特性試験は前項(c)で述べたステップレスポンス試験が用いられる．

性能点検の結果，性能に異常が認められた場合には上位校正機関による性能試験を行って，新しい指定スケールファクタと測定の不確かさを発行してもらう必要がある．

(5) **試験所認定制度**

国内で製造される高電圧機器は，国内で使用されるだけでなく，海外へ輸出され，海外の電力系統で使用される場合もある．また，逆に

第5章 高電圧試験

海外から輸入され，国内の電力系統で使用されるほか，国内で製造される高電圧機器の試験に用いられることもある．この貿易に対しては，輸入者側の要求によって輸入国の規格に準拠した試験が行われることが多く，貿易の技術的障壁といわれていた．

この貿易の技術的障壁を廃するために，1994年にWTO/TBT協定が制定された．この協定は，自国の国内規格をISO規格およびIEC規格に整合させるとともに適合性評価の枠組みを整えようというものである．これによってこれまで各国の規制や規格の差異から生じていた国際貿易に対する技術的な障壁が解決されることとなった．日本も協定発足と同時にこれを批准して，計量法や工業標準化法などに規定されていた制度を見なおすとともに，新たな国家標準の整備を進めてきている．

貿易障壁を避ける取組みの一つとして，認定試験機関が行った試験の結果はどこの国の試験結果であっても相互承認（MRA）しようとする取組みも行われている．国際規格ISO/IEC17025（国内規格ではJIS Q 17025が整合させた規格）の要求事項に基づいた試験所および校正機関の認定制度もその一つである．ISO/IEC17025では，ISO9000で要求される品質システムの構築に加えて専門知識，試験能力などの技術的要求事項が必要とされるほか，試験所の保有する測定システムに対しては国家もしくは国際標準にトレーサビリティをもつことが要求されている．第三者適合性評価機関から認定された試験所が発行する試験成績書はこの制度を批准する国の間で同等性が保証されるため，一度輸出国の認定校正機関で性能試験を行った高電圧機器は，輸入国の校正機関で再度試験をする必要がない．

日本の高電圧試験の分野では日本適合性認定協会（JAB）が認定母体となって試験所認定を実施している．2013年7月末現在で5社6試験所が高電圧認定試験所として，また5試験所が大電力試験所とし

て認定を受けている．

(6) **標準測定システム**

認定試験所は，国家標準にトレーサビリティをもっている必要があるが，わが国の場合には直流高電圧については200 kV，交流高電圧については300 kVの標準測定システムがMRAに対応した日本電気計器検定所（JEMIC）に設備されている．またインパルス電圧については500 kV計測標準が日本電機工業会（JEMA）の日本インパルス試験所委員会（JHILL）から供給されている．また，短絡大電流測定に対する計測標準もJEMAの日本短絡試験委員会（JSTC）から対称電流に対する最大実効値が140 kA，0.1 sの基準シャントを管理していて，測定の不確かさが見積もられている．

世界的な高電圧計測標準については，各国の計量研究所がそれぞれ独自に構築して国内のトレーサビリティ体系を作るとともに，定期的に各国の標準どうしが比較しあって国際同等性を確認している．**表5.11**に主な国の保有する高電圧国家標準の一覧を示す．不確かさの欄のk=2は95％信頼水準を表している．

第5章　高電圧試験

表5.11　主な国の国家標準

国名・機関名		対象	定格値	不確かさ ($k=2$)
オーストラリア	NMIA	ACV	550 kV	0.1 %
		ACI	20 kA	3〜15 ppm
		DCV	100 kV 300 kV 700 kV	20 μV/V 50 μV/V 1 %
		雷インパルス電圧	350 kV 1 MV	0.4 %（電圧），3 %（時間） 2 %（電圧），3 %（T_1），2 %（T_2）
		開閉インパルス電圧	500 kV	1 %（電圧），3 %（T_1），2 %（T_2）
ドイツ	PTB	ACV	800 kV	0.05 %
		DCV	400 kV	0.1 %
		雷インパルス電圧	300 kV 1 500 kV	0.4 %（電圧），2 %（時間） 0.5 %（電圧），2 %（時間）
		開閉インパルス電圧	300 kV 1 500 kV	0.4 %（電圧），2 %（時間） 0.4 %（電圧），1 %（時間）
		インパルス電流	5 kA 20 kA	0.5 %（電流），1.3 %（T_1/T_2） 0.6 %（電流），1.5 %（T_1/T_2）
フィンランド	MIKES	DCV	100 kV 200 kV	50 μV/V 200 μV/V
		ACV	200 kV	100 μV/V
		ACI	1 kA 6 kA	50 μA/A 200 μA/A
		雷インパルス電圧	400 kV	5 mV/V（電圧），20 ms/s（T_1），10 ms/s（T_2）
		開閉インパルス電圧	200 kV	2 mV/V（電圧），30 ms/s（T_1），10ms/s（T_2）
		インパルス電流	10 kA	30 mA/A（電流），50 ms/s（T_1/T_2）
アメリカ	NIST	ACV	150 kV	30 μV/V
		ACI	18 kA	10 μA/A
		DCV	1 kV	2 μV/V
カナダ	NRC	DCV	200 kV	100 μV/V
		DCI	20 kA	10 μA/A
		ACV	500 kV	20 μV/V
		ACI	60 kA	10 μA/A
日本	NMIJ	DCV	1.018 V	8 nV
	JEMIC	DCV	200 kV	0.05 %
		ACV	190 kV	0.76 kV
	JHILL	雷インパルス電圧	500 kV	0.4 %（電圧），1.0 %（T_1），0.8 %（T_2）
	JSTC	短絡大電流	140 kA	0.2 %

章末問題 5

1 絶縁特性試験と絶縁耐力試験の違いについて説明せよ.

2 絶縁抵抗の測定法を四つあげ,それぞれの方法について説明せよ.

3 ケーブルの絶縁耐力試験に直流電圧が用いられる理由はなぜか.

4 測定の不確かさについて説明せよ.

5 校正試験によって測定の不確かさを求める方法を説明せよ.

第6章　高電圧機器

この章で学ぶこと

　電力系統に用いられる機器には，発送配電用機器として変圧器，ケーブル，遮断器などがある．また，産業用機器には集塵機，加速器，電子顕微鏡および高エネルギー発生機器がある．発送配電用機器はその大きさのため屋外に設置されるものも多く，風雨や高温または低温，太陽による紫外線に耐えるように設計時に考慮されている必要がある．

　近年の電力需要増に伴って大容量の発電所の設置が必要になってきた．しかしながら消費地である大都市圏付近に発電所を建設することは困難になってきている．大都市圏から離れた比較的立地に余裕がある地域に，発電所を建設すると長距離を送電しなくてはならず，電力損失につながる．送電電力の損失をできるだけ小さくするためには電圧をできるだけ高くする必要がある．わが国の最高送電電圧は500 kVだが，これを超えて公称電圧が1 000から1 500 kVとなる送電電圧はUHV（Ultra High Voltage）と呼ばれ，わが国の次世代の送電電圧として想定されている．

　また，北海道と本州を結ぶ北本連系設備や紀伊水道連携設備ではHVDCと呼ばれる直流送電が行われていて，±250 kVの送電が行われている．

　本章ではこれらの発送配電に用いられる機器について説明を行う．

6-1 がいし

　がいしは送電線を電気的に絶縁するとともに，機械的に支持するもので，絶縁体と金具で構成されている．送電線に用いられるがいしには，懸垂がいし，ピンがいし，長幹がいし，ラインポストがいしなどさまざまな形状，構造のものがある．図 6.1 は架空送電線に最もよく用いられる懸垂がいしと耐塩用懸垂がいし（スモッグがいし）を示す．懸垂がいしは金具，絶縁体，ピンから構成されていて，絶縁体と金属とはセメントで接着されている．また絶縁体の下面には"ひだ"が設けられていて，絶縁距離を増している．絶縁体の部分は磁器，ガラス，エポキシ樹脂などだが，日本では磁器が多く用いられている．耐塩用懸垂がいしは塩害を防止するために 50 ％表面漏れ距離を増加するために懸垂がいしに比べてひだを深くしてあり，懸垂がいしと比較して耐汚損電圧が 30 ％高くなっている．また，短絡事故によるがいし焼損を防ぐために，アーキングホーンと呼ばれる器具をがいし両端に取

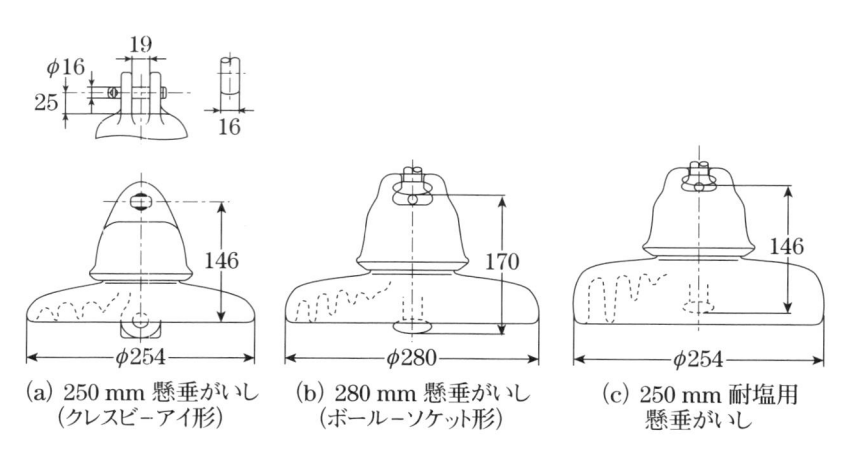

(a) 250 mm 懸垂がいし　　(b) 280 mm 懸垂がいし　　(c) 250 mm 耐塩用
　　（クレスビーアイ形）　　　（ボール-ソケット形）　　　　懸垂がいし

図 6.1　懸垂がいしの構造
（出典）関井・脇本：「改訂新版エネルギー工学」，電気書院（2012）

り付けている．

　汚損による被害が想定される地区では懸垂がいしでなく，長幹がいしが用いられる．長幹がいしは懸垂がいしのように多段に接続するための金属部分が途中にないため耐電圧が高く，特に急峻な立上りをもつ波形に対して良好な特性をもっている．

　送電電圧に応じて，架空送電線の電線に複数個の懸垂がいしを一連に接続して鉄塔に取り付ける．絶縁設計では，絶縁協調の考えから，雷サージに対してある程度のフラッシオーバを許容し，交流過電圧と開閉インパルス電圧でフラッシオーバを生じないように設計する．

　表 6.1 に各電圧階級と等価塩分付着密度で示した汚損度合いに対する懸垂がいしのがいし個数を示す．

表 6.1 等価塩分付着密度とがいし個数

電圧階級 (kV)	がいし種類	想定塩分付着密度 (mg/cm^2)			
		0.063	0.125	0.25	0.5
66	250 mm 懸垂	4	5	6	6
154		9	11	12	14
275		16	19	22	25
500	280 mm 懸垂	32	37	43	49
500	320 mm 懸垂	27	32	36	41

（出典）　関井・脇本「改訂新版エネルギー工学」，電気書院（2012）

6-2　ブッシング

　ブッシングは，変圧器や遮断器などの電力機器や変電所建屋などの接地電位にある筐体中に高電圧を接続するために設けるもので，機器の外部タンクや壁から絶縁しシールするものである．ブッシングの種類には，単一型（磁器ブッシング，樹脂ブッシング），油入ブッシング，

コンデンサブッシング（油浸紙コンデンサブッシング，レジン紙コンデンサブッシング）およびガス封入ブッシングなどの種類がある．

単一型ブッシングは，磁器や高分子樹脂など単一の固体絶縁物で構成したブッシングで，電気絶縁をがいし部分だけでもたせている．そのため公称電圧 33 kV 以下の機器に用いられる．ブッシングの内部に絶縁油を入れ，電気絶縁をこの絶縁油でもたせたものを油入ブッシングという．一般的には中心導体の周囲に絶縁物で絶縁筒を同心円状に幾層にも配置したなかに絶縁油を充填して絶縁の信頼性を保っている．コンデンサブッシングは，中心導体から接地に向けての電位分布を均一にすることによって絶縁耐力を向上させたものである．油浸紙コンデンサブッシングは油浸絶縁紙を，またレジン紙コンデンサブッシングはレジン紙を中心導体の周囲に金属箔を交互に多数回巻きつけて，いわゆるコンデンサ分圧器を構成する．がい管のなかに絶縁油を封入して絶縁耐力を向上させている．また絶縁油に代わってブッシング内部の絶縁を絶縁ガスによって行わせるものをガス封入ブッシングという．近年，ガス絶縁開閉装置（GIS: Gas Insulated Switchgear）と呼ばれる開閉装置が多く用いられていて，ガス封入ブッシングはその装置に多く用いられる．わが国の UHV 送電に関連しては，1 100 kV のガス封入ブッシングが開発された．

6-3　送電線

架空送電線の導体には一般にアルミ電線が用いられる．架空送電線には細い電線をより合わせたより線が使用されるが，鋼線を中心により線を構成することで送電線に必要とされる機械的強度を得ている．鋼線の周囲にアルミ電線をより合わせた鋼心アルミより線（ACSR）や，亜鉛メッキ銅線の表面にアルミニウムを圧接させたアルミ被鋼線（AS

線) がある．また，電線の断面構造を改良して風による騒音を減らした低騒音電線などの特殊な電線も開発されて使用されている．図 6.2 は ACSR，アルミ被鋼線，低騒音電線のより線断面の構造である．

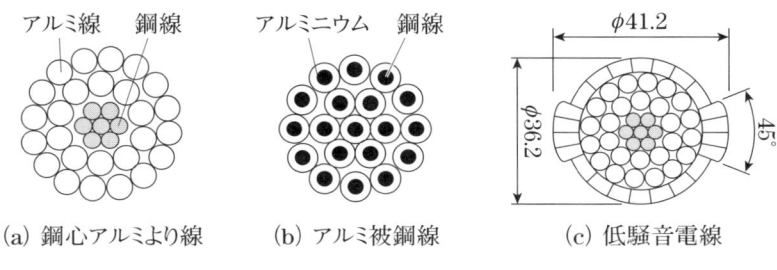

(a) 鋼心アルミより線　(b) アルミ被鋼線　(c) 低騒音電線

図 6.2 架空送電線に使用されている電線の構造
(出典) 関井・脇本：｢改訂新版エネルギー工学｣，電気書院 (2012)

架空送電線によって大都市圏に運ばれてきた電力をさらに都市部へと送電するためには，地中送電が行われる．地中送電線用に用いられる送電線には，主に OF ケーブルと CV ケーブルがある．OF ケーブルはより線導体の中心部に油通路を設けておき，その周囲に乾燥絶縁紙を層状に巻きつけて，さらにその周囲を金属で覆う．そのなかに低粘度の絶縁油を大気圧以上にして注入すると，絶縁油が絶縁紙に含浸され，油浸紙絶縁体になる．ボイドが存在した場合でも油絶縁となるため，絶縁耐力は向上する．図 6.3 に断面の構造と外観を示す．CV ケーブルは，架橋ポリエチレンを絶縁体とした電力ケーブルである．絶縁油を使用していないため取扱いが容易で，防災性に優れている．これらの理由から世界中で広く用いられていて，わが国の電力ケーブルの使用量の大半を占めている．図 6.4 に CV ケーブルの断面の構造と外観を示す．絶縁体に用いる架橋ポリエチレンは，絶縁耐力が高く，誘電体損失が小さい優れた絶縁材料である．

第6章 高電圧機器

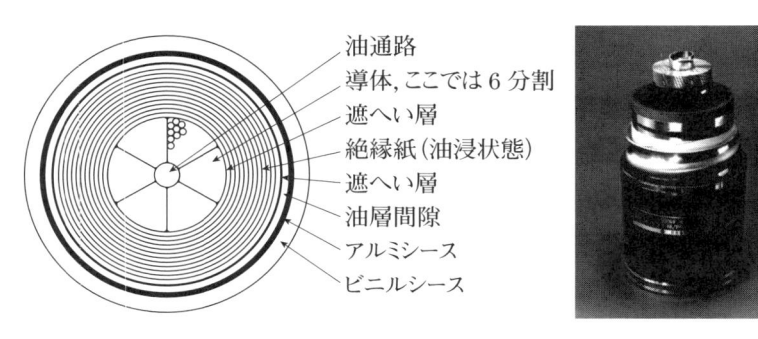

図 6.3 OF ケーブルの断面構造と外観
(出典) 関井・脇本：「改訂新版エネルギー工学」，電気書院 (2012)

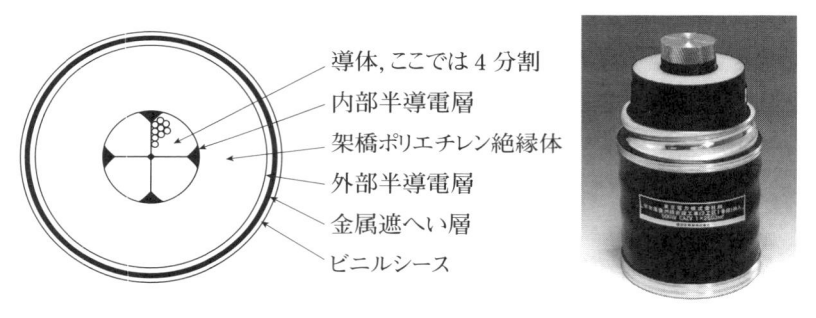

図 6.4 CV ケーブルの断面構造と外観
(出典) 関井・脇本：「改訂新版エネルギー工学」，電気書院 (2012)

6-4 遮断器

　遮断器は地絡事故や短絡事故の発生時に，事故を起こした部分を電力系統から瞬時に切り離して，系統に接続されている電力機器が損傷することを防ぐために設けられる機器である．大電流を遮断する瞬間には接点間にアーク放電が生じる．遮断器の種類はこのアークを消弧する方法で分類されている．最も初期に開発された遮断器は，絶縁油中でアークを消弧する油遮断器である．油遮断器は絶縁油中で生じたアークによって発生した水素などのガスによって電極が冷却されて消

弧を行う構造になっている．また，圧縮空気によってアークを切断する空気遮断器，電磁力によってアーク放電を吸収する磁気遮断器などもある．さらに近年の主流は高気圧ガスを吹きつけて消弧するガス遮断器，真空中の磁界によってアーク中のプラズマを閉じ込める真空遮断器などが主に使用されている．

ガス遮断器は優れた消弧作用および高い絶縁耐力をもつ SF_6 ガスの特性を利用した遮断器である．SF_6 ガス中で生じたアーク放電プラズマの温度は空気中に比べて低いため消弧させやすくなる．SF_6 ガスを用いたガス遮断器は昭和30年代に実用化された．その当時はガスをコンプレッサなどで圧縮していたが，その後，電極の開閉動作に連動して高圧ピストンを作動させるパッファ型が開発された．一定ガス圧

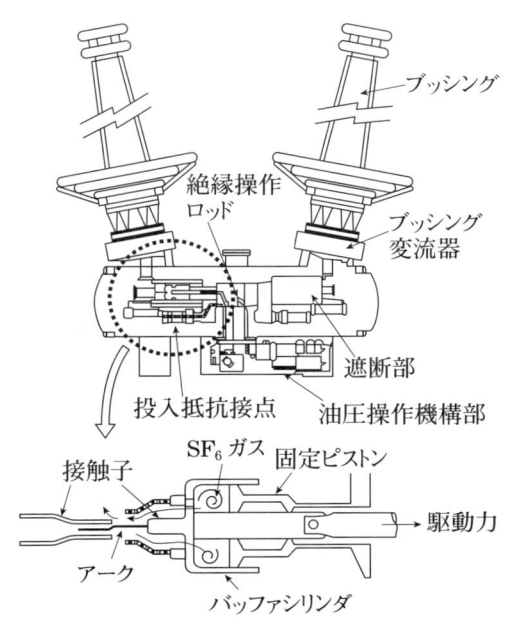

図 **6.5** SF_6 ガス遮断器の構造
(出典) 関井・脇本：「改訂新版エネルギー工学」，電気書院 (2012)

第6章 高電圧機器

のSF$_6$中で接触子とピストンの機械的運動が圧縮されたガスがノズルを通して電極間に排気されてアークを吹き消す構造は，簡単で大容量の遮断が可能，かつ信頼性が高いため現在の主流として広く利用されている．図 6.5 にガス遮断器の構造を示す．

6-5 ガス絶縁開閉装置

ガス絶縁開閉装置（Gas Insulated Switchgear, GIS）は，母線，遮断器，断路器，接地開閉器，変流器などの機器をステンレス製の円筒内に一括して組み込んだものをSF$_6$ガスで絶縁した複合型の変電機器である．図 6.6 に示すように母線を中心にした円筒型ケース内に各機器を配置している．導体はエポキシ樹脂のスペーサで支持されている．図 6.7 に 275 kV GIS の外観を示す．GIS を使用した場合には変電所の占有領域を面積で 2～3 %，容積で 0.5～1.5 % も減少させることができるため，都市部での変電所に多く用いられている．また，高電圧機器が SF$_6$ 内に配置されているため，外気にさらされることがなく，

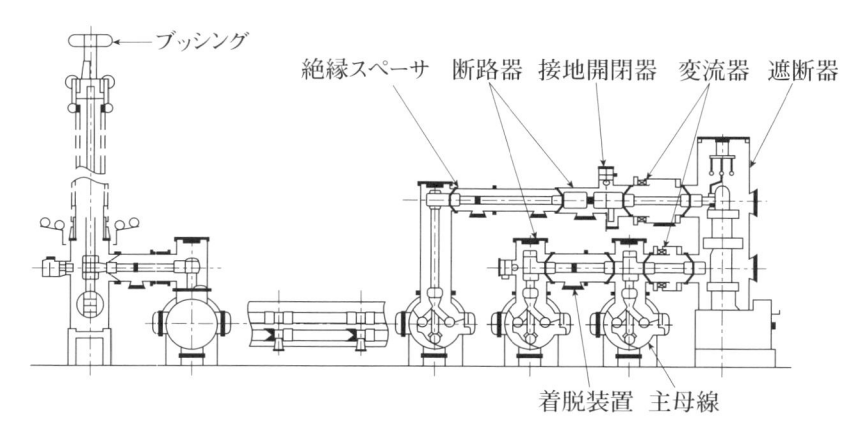

図 6.6　GIS の構成図
（出典）関井・脇本：「改訂新版エネルギー工学」，電気書院（2012）

図 6.7 275 kV GIS の外観（写真提供 東京電力）
（出典）関井・脇本：「改訂新版エネルギー工学」，電気書院（2012）

対汚損性能の観点からみても有利であるため，最近では山間部の変電所でも GIS が建設されることが多くなってきた．

6-6 避雷器

過電圧が電力機器に浸入した際に，それらを保護するために避雷器（アレスタ）が電力機器の近くに設置される．避雷器は送配電線路に雷サージや開閉サージなどの過渡過電圧が重畳したときに，その波高値が制限値を超えた場合，過電圧を抑制して，その後に流れる続流を遮断することで正常な状態に回復させるものである．

初期の避雷器は直列ギャップと炭化ケイ素（SiC）の素子を用いて構成していたが，1970 年に酸化亜鉛（ZnO）を主体とする非線形抵抗体が開発されたことに伴って ZnO アレスタが開発された．ZnO アレスタは放電ギャップを直列に接続する必要がないためギャップレス避雷器と呼ばれ，広く使用されている．**図 6.8** に SiC と ZnO の V–i 特性を，また**図 6.9** に避雷器の構造を示す．

第6章 高電圧機器

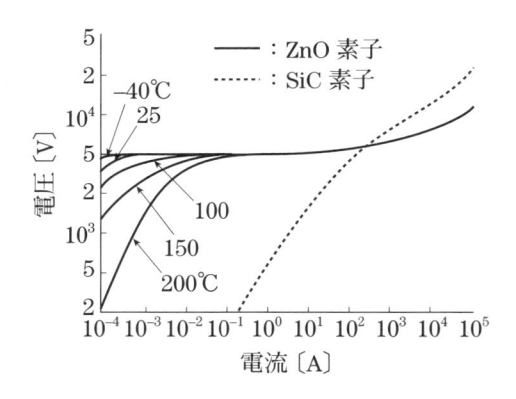

図 6.8 ZnO と SiC の V–i 特性
(出典) 関井・脇本:「改訂新版エネルギー工学」, 電気書院 (2012)

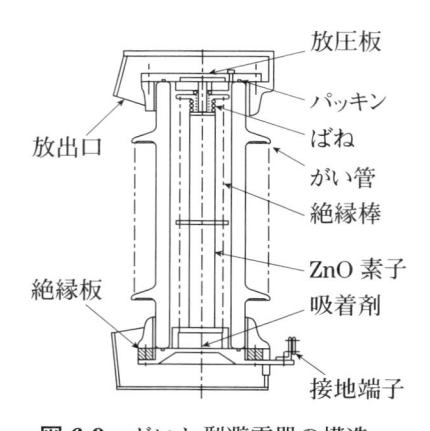

図 6.9 がいし型避雷器の構造
(出典) 関井・脇本:「改訂新版エネルギー工学」, 電気書院 (2012)

避雷器の定格には, 定格電圧, 連続使用電圧, 公称放電電流, 制限電圧などの項目がある. JEC-217 (1984) の規定によると定格電圧とは, 避雷器の両端にその電圧を印加した状態で,「過電圧の放電を行って所定の電流を流した後に現状に復帰する一連の動作」が所定の回数反復遂行できる電圧であると規定されている. また酸化亜鉛形避雷器はギャップをもたないため常時運転電圧が印加されていることから, 避

雷器の両端子間に連続して印加し得る商用周波電圧を連続使用電圧として規定している．公称放電電流とは，避雷器の保護性能と自復性能を表すために用いる雷インパルス電流の波高値で表す．そして制限電圧とは，避雷器が放電しているときにその端子間に残留するインパルス電圧をいう．避雷器に対して規定されているそれぞれの性能を**表 6.2**に示す．酸化亜鉛素子は，円盤状に焼成したものであり，これを必要

表 6.2 避雷器の保護・耐電圧性能の例

定格電圧 (実効値) (kV)	連続使用 電圧 (実効値) (kV)	雷インパルス 制限電圧 (kV)		開閉雷イ ンパルス 制限電圧 (kV)	耐電圧 (kV)	
		10kA	5kA		雷インパ ルス電圧	商用周波 電圧
4.2	$3.45/\sqrt{3}$	17	17	17	45	16
8.4	$6.9/\sqrt{3}$	33	33	33	60	22
14	$11.5/\sqrt{3}$	47	50	50	90	28
28	$23/\sqrt{394}$	94	100	90	150	50
42	$34.5/\sqrt{3}$	140	145	120	200	70
70	$69/\sqrt{3}$	224		200	300	120
84	$69/\sqrt{3}$	269		240	350	140
98	$80.5/\sqrt{3}$	314		281	400	160
112	$92/\sqrt{3}$	358		320	450	185
126	$103.5/\sqrt{3}$	403		361	550	230
140	$115/\sqrt{3}$	448		401	550	230
182	$195.5/\sqrt{3}$	582		522	750	325
196	$161/\sqrt{3}$	627		561	750	325
210	$230/\sqrt{3}$	672		601	900	395
224	$230/\sqrt{3}$	717		641	900	395
266	$287.5/\sqrt{3}$	851		762	1 050	460
280	$287.5/\sqrt{3}$	896		802	1 050	460
420	$550/\sqrt{3}$	1 220		1 090	1 550	750

第 6 章 高電圧機器

な個数を直列に重ね合わせて絶縁容器内に入れて使用する．GIS 内に構成要素として組み込まれたものはガス絶縁タンク型避雷器と呼ばれる．

章末問題解答

<第1章>

1 送電線における損失を低減するため．

いま，送電線の抵抗成分を r〔Ω〕とするとき，発電所から P〔W〕の電力が V〔V〕の電圧で送電された場合に送電線を流れる電流 I〔A〕は，

$$I = \frac{P}{V} \text{〔A〕}$$

この電流により送電線で消費される電力，すなわち損失分 p〔W〕は，

$$p = I^2 r$$

ここで，送電電圧を n 倍，つまり nV〔V〕に昇圧したときに送電線を流れる電流の大きさ I'〔A〕は，

$$I' = \frac{P}{nV} = \frac{VI}{nV} = \frac{I}{n} \text{〔A〕}$$

のように，もとの電流の大きさの $\frac{1}{n}$ になる．またこのときの送電線の損失分を p' とすると，

$$p' = \left(\frac{I}{n}\right)^2 r$$

p と p' の比をとると，

$$\frac{p'}{p} = \frac{\left(\frac{I}{n}\right)^2 r}{I^2 r} = \frac{1}{n^2}$$

章末問題解答

となり，損失は $\dfrac{1}{n^2}$ と低減する．

2 ⑤

3 1.602×10^{-19} J

4 $4\pi\varepsilon_0 \left(\dfrac{ab}{b-a}\right)$ 〔F〕

5

d〔mm〕 回数	5	10	15	20
1	10.0	23.0	33.5	42.5
2	11.0	23.0	33.0	42.0
3	12.5	23.0	33.5	41.5
4	10.5	23.0	33.5	42.5
5	13.5	23.0	32.5	42.5
6	12.0	23.5	33.0	42.5
7	11.5	22.5	34.0	42.5
8	12.0	24.0	33.0	42.5
9	12.5	23.0	32.5	42.3
10	12.0	23.5	32.0	42.0
平均値	11.8	23.2	33.1	42.3
標準偏差	1.03	0.41	0.60	0.34

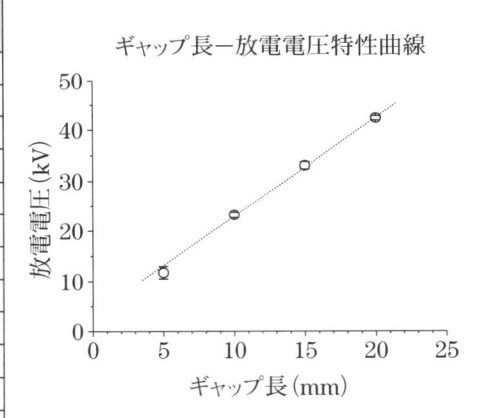

ギャップ長－放電電圧特性曲線

＜第2章＞

1 6.326×10^{-8} m

2 ① 30　② コロナ　③ コロナ臨界電圧　④ 電線の表面　⑤ 空気密度

3 CH_4（メタン），C_2H_2（アセチレン），C_2H_4（エチレン），C_2H_6（エタン），O_2，N_2，H_2，CO，CO_2 など

＜第3章＞

1 3-1(1) 参照

2

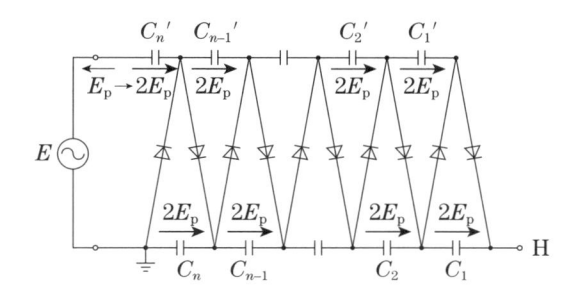

最初 E が正極性になるときに，コンデンサ C_n' を E_p に充電し，次の半周期で C_n' と電源電圧 E との和で C_n' と C_{n-1}' とを $2E_\mathrm{p}$ に充電する．この充電を繰り返して C_1' から C_{n-1}' は $2E_\mathrm{p}$ に充電される．次に定常状態になると，E のピーク値の 2 倍の大きさ $2E_\mathrm{p}$ で C_1 から C_n のコンデンサが充電される．これにより高圧端子 H と接地端子間には $2nE_\mathrm{p}$ の電圧が発生する．

3 3-3(1) 参照

<第 4 章>

1 抵抗負荷 R 〔Ω〕の供試物に高電圧を印加し，その電圧 V 〔V〕を測定するために，抵抗負荷と並列に測定器（倍率器）を接続したとき，電源からみた負荷抵抗の大きさは供試物と倍率器との合成抵抗となる．倍率器の抵抗値が低い場合には負荷抵抗は下がり，電源容量や回路の電位分布に影響を与える．倍率器の抵抗値が負荷抵抗に比べて十分高い場合には，電源からみた負荷抵抗の値は変化せず，回路に影響を与えずに測定が可能である．倍率器に 50 MΩ 程度の高抵抗を用いる場合，10 kΩ の抵抗負荷の変動率は 20 ppm である．しかしながら，印加電圧が低い場合には流れる電流はわずかであるので注意が必要である．例えば 10 kV の印加電圧を測定するためには，20 μA が測定可能な測定器が必要となる．

2 オシロスコープを用いて測定波形から以下の電圧 V_{DC} および V_r を読み取る．

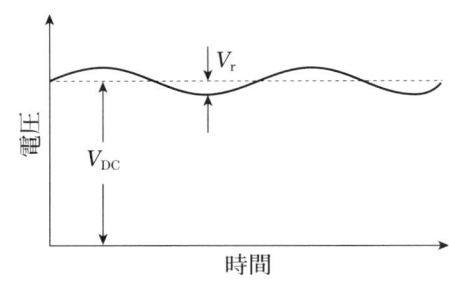

次式からリプル率 M を算出する．

$$M = \frac{V_r}{\sqrt{2}V_{DC}}$$

3 4-1(2) 参照

<第5章>

1 5-1 参照

2 ①絶縁抵抗計（メガー）を用いる方法：メガーと呼ばれる絶縁抵抗測定器を用いて 100〜2000 V の直流電圧を印加し，絶縁抵抗を測定する最も簡便な方法，②直流高電圧試験：供試体の定格電圧と等しいかもしくはそれ以上の直流電圧を数分から 10 分程度印加して電流の経時変化を測定する方法，③検流計を用いた直偏法：標準抵抗，検流計，分流器を用いて，供試物を標準抵抗と直列に接続した場合および標準抵抗のみの場合の検流計と分流器の指示値から絶縁抵抗を算出する方法（参照 JIS C 3005），④直流増幅器を用いる方法：（略）

3 交流電圧を用いてケーブルの絶縁耐力試験を行う場合には，ケーブル自体がもつ静電容量ならびに対地間に発生する静電容量に充電するための大容量の設備が必要になる．直流を用いる場合には容量

が小さな電源を準備すればよいため，ケーブルの絶縁耐力試験は直流で実施される．

4 5-4(2)参照

5 まず被校正供試器と上位の参照標準とを並列に接続し，同時に電圧を印加してそのパラメータを多数回比較する．次に参照標準のもつ不確かさ，測定パラメータの標準偏差，ならびに5.4であげた性能試験の結果から測定の不確かさの寄与成分を算出して，これらを合成して不確かさを求める．高電圧試験については，IEC60060-2規格に詳細が規定されている．

＜参考文献＞

- 河村・河野・柳父：「高電圧工学 [3版改訂]」, 電気学会（2003）
- 河野：「新版高電圧工学」, 朝倉書店（1994）
- 中野（編）：「大学課程　高電圧工学（改訂2版）」, オーム社（1991）
- 花岡：「高電圧工学」, 森北出版（2007）
- 植月・松原・箕田：「高電圧工学」, コロナ社（1999）
- 岸：「高電圧技術」, コロナ社（1999）
- 金谷・飯島：「高電圧工学演習」, 槙書店（1984）
- C. V. Doren："Benjamin Franklin", Random House Value Publishing（1987）

電気規格調査会標準規格（JEC）
- JEC-0201「交流電圧絶縁試験」(1988)
- JEC-0202「インパルス電圧・電流試験一般」(1994)
- JEC-213「インパルス電圧電流測定法」(1982)
- JEC-0221「インパルス電圧・電流試験用測定器に対する要求事項」(2007)
- JEC-0222「標準電圧」(2009)
- JEC-0401「部分放電測定」(1990)
- JEC-6148「電気絶縁材料の絶縁抵抗試験方法通則」(2002)

日本工業規格（JIS）
- JIS C 2101「電気絶縁油試験方法」(2010)
- JIS C 1001「標準気中ギャップによる電圧測定方法」(2010)

国際電気標準会議規格（IEC）
- IEC 60060-1 Ed.3.0："High-voltage test techniques - Part 1: General definitions and test requirements"（2010）
- IEC 60060-2 Ed.3.0："High-voltage test techniques - Part 2: Measuring systems"（2010）
- IEC 60060-3 Ed.1.0："High-voltage test techniques - Part 3: Definitions and requirements for on-site testing"（2006）
- IEC 60052 Ed.3.0："Voltage measurement by means of standard air

gaps"（2002）
- IEC 61083-1 Ed.2.0："Instruments and software used for measurement in high-voltage impulse tests - Part 1: Requirements for instruments"（2001）
- IEC 61083-2 Ed.2.0："Instruments and software used for measurement in high-voltage and high-current tests - Part 2: Requirements for software for tests with impulse voltages and currents"（2013）
- IEC 60270 Ed.3.0："High-voltage test techniques - Partial discharge measurements"（2000）
- IEC 62475 Ed.1.0："High-current test techniques - Definitions and requirements for test currents and measuring systems"（2010）
- ISO/IEC 17025："General requirements for the competence of testing and calibration laboratories"（2005）

- JAB RL503, JAB NOTE 3「不確かさの求め方（電気試験／高電圧試験分野）」, 日本適合性認定協会（2010）
- JAB RL504, JAB NOTE 4「不確かさの求め方（電気試験／大電力試験分野）」, 日本適合性認定協会（2013）

- 菅ノ又・鎌田・大石・塩野：「SF_6ガスの絶縁特性」, 日立評論, 第51巻第12号（1969）
- 原田・脇本：「インパルス電圧計測技術の変遷」, 電気学会雑誌, 第122巻第10号（2002）
- 石井：「大気圧付近における放電の基礎」, プラズマ・核融合学会誌, 第70巻第1号（1994）
- "STL GUIDE TO THE INTERPRETATION OF IEC 60060-2"（1999）

索　引

数字
1分間試験 122
50％スパークオーバ試験 128
50％スパークオーバ電圧 103
95％信頼水準 140

A
ACSR 162
AMS 140
AS線 162

C
CT 115
CVケーブル 163

G
GIS 162

I
IEC 123
IEC 60060-1 73
IEC-TDG 115, 153

J
JAB 154
JEC 123
JEC 0202 73
JEMA 155
JEMIC 155
JHILL 155
JIS 123
JSTC 155

M
MRA 154

N
NS 140

O
OFケーブル 163

P
PD 92
P.I. 134
PT 91

R
RMS 140

S
SF_6 ガス 36

T
TDG 153
Test Data Generator 115, 153

V
VT 90
V-t 曲線 130

W
WTO/TBT協定 154

Z
ZnOアレスタ 167

あ
アーキングホーン 122, 160
アーク柱 43
アーク放電 20, 42
アストン暗部 41
厚み効果 56
α 作用 27
アルミ被鋼線 162

178

索 引

アレスタ......................................167
暗流..27

い
イオン伝導...................................53
移動度...26
陰極暗部.....................................41
陰極グロー..................................41
陰極点アーク...............................42
インパルス耐電圧試験...............128
インパルス電圧...........................73
インパルス電圧絶縁耐力試験....128
インパルス電圧測定システム....107
インパルス電流...........................82
インパルス電流の比較試験.......142
インパルス破壊電圧試験...........129
インパルス発生器........................76

え
塩霧法......................................126
沿面放電..................................127

お
オシロスコープ.........................102
温度特性試験............................151

か
ガード電極..................................51
がいし.......................................160
開閉インパルス電圧..........73, 81, 115
開閉インパルス電圧－波頭長曲線....131
開閉サージ..................................73
架空送電線...............................162
架空地線...................................122
カスケード接続............................65
ガス遮断器................................165
ガス絶縁開閉装置.....................166
荷電担体....................................53

干渉試験..................................152
γ作用..28

き
基準測定システム.....................140
気泡破壊説.................................47
規約波頭長.................................73
規約波尾長.................................73
球ギャップ..........................79, 102
吸収電流....................................51
共振型変圧器.............................67
極性反転電圧印加法................127
極性反転法..............................127
近接効果試験..........................152

く
空気遮断器...............................165
グロー放電..........................20, 38
グローランプ...............................39

け
計器用変圧器.............................90
計器用変成器.............................91
珪藻土法..................................126
計量法......................................154
ケノトロン..................................68
懸垂がいし...............................160

こ
高圧力ガス中の放電..................38
工業標準化法..........................154
高周波変流器..........................116
公称測定時間幅......................147
鋼心アルミより線....................162
合成絶縁油................................44
高電圧試験.............................122
高電圧専用測定器.................113
高電圧測定...............................89

索 引

鉱油 ··· 44
交流高電圧 ································ 63, 155
交流耐電圧試験 ······························ 125
交流電圧絶縁耐力試験 ···················· 124
交流破壊電圧試験 ··························· 126
国際電気標準会議規格 ···················· 123
国際同等性 ····································· 140
極低温液体 ······································· 46
誤差 ··· 139
固体絶縁材料 ··································· 50
国家標準級分圧器 ··························· 109
国家標準級分流器 ··························· 116
国家標準測定システム ···················· 140
コッククロフト・ウォルトン回路 ······· 70
コロナ放電 ······························· 31, 134
混合ガス ·· 36
コンデンサブッシング ···················· 162
コンデンサ分圧器 ····························· 91
コンパチビリティ ··························· 140

さ

サージ電圧 ······································· 73
サージ電流 ······································· 82
再結合 ··· 26
裁断波インパルス電圧 ······················ 75
裁断波雷インパルス電圧 ··················· 80
裁断までの時間 ································ 75
サハの熱電離の式 ····························· 25
残差曲線 ·· 114
三次巻線 ·· 91
参照測定システム ··························· 141

し

シールド抵抗分圧器 ························ 109
シールド電極 ································· 109
シェーリングブリッジ ···················· 138

磁気遮断器 ····································· 165
磁器ブッシング ······························ 161
試験所認定制度 ······························ 153
試験電圧関数 ································· 114
試験用変圧器 ··································· 63
自続放電 ·· 21
実効値 ··· 90
指定スケールファクタ ···················· 141
始動ギャップ ··································· 79
自復性絶縁 ······································· 55
遮断器 ··· 164
縦続接続 ·· 65
充電抵抗 ·· 78
樹脂ブッシング ······························ 161
シェンケル回路 ································ 69
瞬時充電電流 ··································· 51
昇降法 ··· 103
上昇法 ··· 127
衝突電離係数 ··································· 27
ショットキー欠陥 ····························· 54
ショットキー効果 ······················ 47, 53
シリコンダイオード ························· 68
シリコーン油 ··································· 44
真空遮断器 ····································· 165
人工汚損交流電圧試験 ···················· 126
振動性雷インパルス電圧 ················· 113
振幅／周波数応答特性試験 ············· 147
信頼水準 ·· 140

す

スケールファクタ ·········· 92, 100, 109, 110
ステップレスポンス試験 ················· 147
ステップレスポンス測定 ················· 110
ストリーマコロナ ····························· 31
ストリーマ理論 ································ 30

索 引

スパークオーバ 96
スモッグがいし 160

せ

正規グロー放電 41
成極指数 134
正弦波発電機 64
整合抵抗 112
静電電圧計 99
静電発電機 67, 71
精度 139
制動抵抗 78
制動容量分圧器 110
性能試験 139, 141
性能点検 153
整流回路 67
絶縁協調 122
絶縁耐力試験 122
絶縁抵抗計 132
絶縁抵抗試験 132
絶縁特性試験 123, 132
絶縁破壊 55
接地抵抗 122
全波倍電圧整流回路 69

そ

相互承認 154
相対空気密度 34
送電線 162
測定の不確かさ 139
ソフトウェア試験 153

た

耐塩用懸垂がいし 160
体積効果 49
体積電流測定回路 51
タウンゼントの理論 28

多段式インパルス発生回路 78
単一電子なだれ理論 30
短期安定性試験 151

ち

地中送電線 163
窒素ガス 37
注水交流耐電圧試験 125
長幹がいし 160
長期安定性試験 151
重畳電圧印加法 127
重畳法 127
直線性試験 145
直流吸収試験 133
直流高電圧 67, 99, 155
直流耐電圧試験 127
直流電圧試験 132
直流電圧絶縁耐力試験 127
直流破壊試験 128
直列共振型高電圧発生回路 66
直列充電式 78
チンメルマン回路 69

て

定印法 127
定印霧中法 126
抵抗分圧器 99, 107
ディジタルレコーダ 113
低騒音電線 163
定電圧印加法 125
低電界電気伝導領域 47
デロン・グライナッヘル回路 69
電圧 – 時間特性曲線試験 130
電圧上昇法 125
電圧電流計法 132
電荷量 134

●181●

索　引

電気規格調査会標準規格................123
電気的破壊理論................56
電気的負性ガス................35
電子なだれ................28
電子の倍増................27
電子破壊説................47
電子付着................26
伝送システム................112
電離................24

と

等価霧中法................126
動特性試験................147
特性インピーダンス................112
突印法................127
突然印加法................125
ドリフト速度................26
トレーサビリティ................139

に

二次電子放出作用................28
二重シールド同軸ケーブル................112
日本インパルス試験所委員会................155
日本工業規格................123
日本短絡試験委員会................155
日本適合性認定協会................154
日本電気計器検定所................155
日本電機工業会................155
認可測定システム................140

ね

ネオンサイン................39
熱破壊理論................56

の

ノミナルエポック................147

は

倍電圧整流回路................68

倍電圧直列充電式................78
倍率器................100
波高値................90
波高点までの時間................73
パッシェン曲線................33
パッシェンの法則................32
発生頻度................134
波頭裁断波................75
波頭長................73
波尾裁断波................76
バンデグラフ発電機................72
半導体整流器................68
半波高値までの時間................73
半波倍電圧整流回路................70
汎用分圧器................110

ひ

比較校正試験................142
比較法................132
光ファイバ................112
非自続放電................21
非自復性絶縁................55
標準ギャップ................100
標準球ギャップ................95, 103, 115
標準コンデンサ................92
標準測定システム................155
標準大気状態................96
標準波形................74
表面電流測定回路................51
ビラード回路................68
避雷器................122, 167
ピンがいし................160

ふ

ファラデー暗部................41
プールフレンケル効果................53

索 引

複合誘電体 57
負グロー 41
負性気体 26
不確かさ 139
ブッシング 161
部分放電試験 134
ブラシコロナ 31
フラッシオーバ 127
フレンケル欠陥 53
分流器 115

へ

平均自由行程 23
ベース波形 114

ほ

ボイド 59, 134
ボイド放電 59
棒−棒ギャップ 99
保護抵抗 64, 103
ほっすコロナ 31
ホッピング伝導 54
ホモ空間電荷 55

ま

膜状コロナ 31
マクスウェルの速度分布則 23
マルクス回路 78
マルチレベル法 103

む

無機材料 50

め

メガー 132
面積効果 48

も

漏れ電流 51

ゆ

油入ブッシング 161
有機材料 50
誘電正接試験 137
誘導電圧調整器 64

よ

陽極グロー 41
陽光柱 41
容量分圧器 110

ら

雷インパルス電圧 76
雷サージ 73
ライデン瓶 19
ラインポストがいし 160

り

リプル率 68, 99
臨界波頭長 131

れ

励起 24

ろ

ロゴウスキーコイル 118
ロゴウスキー電極 33

●著者紹介●
脇本隆之（わきもと　たかゆき）

1964年生まれ
1989年　佐賀大学大学院理工学研究科電気工学専攻修士課程修了
2012年　千葉工業大学工学部電気電子情報工学科教授

博士（工学）東京大学
電気学会高電圧試験標準化委員会委員，IEC TC 42 委員，CIGRE D1 委員，
日本インパルス試験所委員会幹事
電気学会，電気設備学会，IEEE，CIGRE 会員

© Takayuki Wakimoto　2014

よくわかる高電圧工学
2014年6月4日　第1版第1刷発行

著　者　脇本　隆之
発行者　田中　久米四郎

発　行　所
株式会社　電　気　書　院
www.denkishoin.co.jp
振替口座　00190-5-18837
〒101-0051　東京都千代田区神田神保町 1-3 ミヤタビル 2F
電話（03）5259-9160
FAX（03）5259-9162

ISBN 978-4-485-30077-0　C3054　　㈱シナノ パブリッシング プレス
Printed in Japan

- 万一，落丁・乱丁の際は，送料当社負担にてお取り替えいたします．弊社までお送りください．
- 正誤のお問合せにつきましては，書名を明記の上，編集部宛に郵送・FAX（03-5259-9162）いただくか，当社ホームページの「お問い合わせ」をご利用ください．電話での質問はお受けできません．また，正誤以外の詳細な解説・受験指導は行っておりません．

JCOPY　〈㈳出版者著作権管理機構　委託出版物〉

本書の無断複写（電子化含む）は著作権法上での例外を除き禁じられています．複写される場合は，そのつど事前に，㈳出版者著作権管理機構（電話: 03-3513-6969，FAX: 03-3513-6979，e-mail: info@jcopy.or.jp）の許諾を得てください．
また本書を代行業者等の第三者に依頼してスキャンやデジタル化することは，たとえ個人や家庭内での利用であっても一切認められません．